武都水库大坝
建基面开挖深度研究

田玉中　胡翠红　编著

北京航空航天大学出版社

内容简介

武都水库工程是水利部、四川省重点水利工程，被邓小平同志誉为“第二个都江堰”。本书第一章介绍了工程概况及国内外相关研究；第二章总结了坝区工程地质条件；第三章分析了坝区岩溶特征；第四章研究了坝区岩体结构面分类及岩体质量分级方法；第五章研究了坝基岩体力学参数取值、建基面确定及抗滑、防渗工程处理；第六章对选定的坝基稳定性进行了三维有限元分析。

本书可作为岩土工程专业本科生、研究生及相关专业工程师的参考用书。

图书在版编目(CIP)数据

武都水库大坝建基面开挖深度研究 / 田玉中，胡翠红编著. -- 北京 ：北京航空航天大学出版社，2023.5

ISBN 978-7-5124-4079-1

Ⅰ. ①武… Ⅱ. ①田… ②胡… Ⅲ. ①水库—大坝—坝基—研究—江油 Ⅳ. ①TV698.2

中国国家版本馆 CIP 数据核字(2023)第 065744 号

武都水库大坝建基面开挖深度研究

田玉中　胡翠红　编著

策划编辑　董立娟　　责任编辑　崔昕昕

*

北京航空航天大学出版社出版发行

北京市海淀区学院路 37 号(邮编 100191)　http://www.buaapress.com.cn

发行部电话：(010)82317024　传真：(010)82328026

读者信箱：emsbook@buaacm.com.cn　邮购电话：(010)82316936

北京凌奇印刷有限责任公司印装　各地书店经销

*

开本：710×1 000　1/16　印张：10　字数：213 千字

2023 年 5 月第 1 版　2023 年 5 月第 1 次印刷

ISBN 978-7-5124-4079-1　定价：49.00 元

若本书有倒页、脱页、缺页等印装质量问题，请与本社发行部联系调换。联系电话：(010)82317024

前　言

武都水库工程是武引二期龙头骨干工程，被邓小平同志誉为"第二个都江堰"，同时也是水利部、四川省重点水利工程。由于坝基所处的特殊地质环境，大坝建基面开挖深度成为坝区最基本也是最为重要的工程地质问题之一，其研究结果可直接为水库大坝工程服务，对于保证大坝安全、工期提前、控制工程投资、优化设计参数、提高施工质量及优化设计等具有重大工程实践意义。

本书首先介绍了武都水库工程概况及其前期已完成的工作，阐述了坝基开挖深度相关的国内外研究现状，从地形地貌、地层岩性、地质构造、物理地质现象以及水文地质条件几方面总结了武都水库坝区工程地质条件。其次从坝区岩溶形态特征、发育基本规律以及发育特征等方面分析了武都水库坝区岩溶特征，据此研究了坝区岩体结构面分类。主要运用单因素、多因素分级方法对坝基岩体质量进行详细分级，根据分级结果分析野外分级、MZ、RMR 及 Q 分级结果间的相关关系；进一步在结构面力学参数、岩体变形参数以及岩体强度参数取值研究基础上，对坝基开挖深度及建基面作出初步选择。最后运用三维非线性有限元法分别模拟坝基在天然与加固地基条件下的坝基位移场、应力场分布、工作性态及坝基抗滑稳定性，模拟分析表明各坝段加固后坝基整体刚度增大，完建和运行工况坝顶位移值均有所减少，不均匀性变形程度明显改善，提高了坝基整体变形稳定性，同时有效改善了坝体的结构性态，表明按岩体质量分级所确定的建基面开挖深度合理可行。

本书研究结果为武都水库工程建基面选择提供了有力证据，对类似工程地质条件的水利水电项目大坝建基面开挖深度选择具有借鉴意义。

感谢成都理工大学许强教授、四川大学何江达教授及西南科技大学何雪峰教授对本研究的指导！感谢成都百微电子开发有限公司周柏宏总经理的支持！感谢四川省武都引水工程建设管理局刘伟明副总工程师、水利部四川水利水电勘测设计研究院刘帮建、成体海、唐成建、王静、杨生雷、覃克非、谭志愈等工程师的帮助！

邮箱：358014230@qq.com

编　者

2023 年 2 月

前言

目　录

第1章 绪 论

1.1 工程概况

武都引水工程是四川省“西水东调”总体规划中的大型骨干水利工程，被邓小平同志誉为“第二个都江堰”，具有防洪、灌溉、工业和生活供水以及生态环保、发电、旅游、种养业等综合效益，也是涪江干流上最大水资源控制性工程。

项目建成前，在川中、川北一带，沱江、涪江和嘉陵江自西北向东南穿行却往往与城镇“擦肩而过”，涪江之水“可望不可即”，未流经区灌溉和饮用水源得不到保障，只能靠天吃饭，“十年九旱”成为常态。

武都引水工程建成后可为武引灌区4市11个区县、495万亩农田和涪江中下游城乡工业、生活用水提供可靠的水源保证，受益500余万人。除在灌溉供水方面发挥着重要作用外，还可将下游绵阳主城区、三台县城、遂宁市及沿江城镇、农村及重要基础设施的防洪标准从20～50年一遇提高到50～100年一遇。周边的生态环境也因此得到很大的改善，成为防洪保安全的坚固屏障，筑牢水旱灾害防御底线，坚守“水生态安全红线”。

作为武都引水工程水源工程的武都水库，位于四川江油武都镇上游4公里涪江干流上，是四川在建和迄今涪江上最大的水利枢纽工程，水库主要建筑物有拦河大坝和坝后式厂房。大坝为碾压混凝土重力坝，最大坝高120米，坝顶长727米，库容5.72亿立方米，库区水面12平方公里。坝后式厂房装机3×5万千瓦。总投资19亿元。建成后的大坝如图1-1所示。

1.1.1 前期工作成果

1972—1978年由原水利电力部第五工程局勘测设计大队完成《涪江武都水库选坝工程地质勘察报告》及附图。

1991年3—12月四川省水利水电勘测设计研究院完成可研外业工作及报告、图件。

1991年6—9月由地矿部九〇九水文工程地质大队提出《武都水库右岸平驿铺～白石铺库岸段渗漏调查报告》。

1992年11月—1993年11月，四川省地震局提交了《四川省江油武都水库工程区地震安全性评价报告》。

图 1-1 武都水库坝区鸟瞰图

1994年、1996年、1998年曾三次邀请中国江河水利水电咨询中心对本工程进行了咨询。

1999年7月，由地矿部保定工程勘察院完成《武都水库摸银洞坝址井间地震波CT成像报告》的研究工作。

2001年11月由中国水利水电科学研究院提交了《四川武都引水工程第二期工程武都水库诱发地震危险性预测研究报告》。

2002年4月，由四川九○九建设工程有限公司提交了《武都水库库(坝)区建设用地地质灾害危险性评估报告》。

2002年6月5—8日在北京由水规总院主持召开了《四川武都引水第二期工程武都水库可研设计报告》审查会，同年10月19—21日在北京通过中国国际咨询公司组织的评估，经审查、评估基本同意可研报告，并对初设阶段库区、坝区工程地质勘察提出如下意见：

(1) 水库区工程地质：进一步对库区顺向河谷段岸坡稳定性作出评价，须进一步研究窝坑里滑坡体上数户居民是否需要搬迁安置问题。鉴于本工程区岩溶发育，构造复杂，具备水库诱发地震的条件，及早考虑设立工程区地震监测台网。

(2) 坝址区工程地质：基本同意摸银洞坝址为推荐坝址；根据灌浆试验，进一步分析研究防渗工程可能出现的其他问题；开展多专业相结合的岩溶工程处理专题工作；摸银洞坝址右坝肩下游存在山体临空面，且岩体张开裂隙较为发育，坝基存在不同程度的缓倾角结构面，须考虑必要的工程处理措施；导流隧洞和大坝基坑施工开挖时，都可能遇到岩溶水问题，须考虑堵排措施；导流隧洞沿线与岩溶遭遇将不可避免；隧洞进出口边坡存在裂隙发育导致的边坡岩体稳定问题；厂址区的地基岩体中断层构造发育，开挖边坡亦存在部分稳定问题；上述问题均需要考虑相应的工程处理措施。应对泄洪消能区作出工程地质评价。

2002年7月四川省地震局工程地震研究所提交了《四川武都引水二期工程武都水库摸银洞坝址区工程场地地震动参数确定报告》。

2002年11月，由四川省地震局水库地震研究所提出了《武都水库诱发地震监测预报系统总体技术设计》报告。

2002年12月，由中国水电八局基础工程分局完成了《武都水库帷幕灌浆试验报告》。

2002年12月，由四川省水利水电勘测设计研究院完成《武都水库现场岩体力学试验研究报告》和《武都水库物探测试报告》。

2004年10月国家电力公司贵阳勘测设计研究院提出《四川武都引水第二期工程部分坝段坝基岩体质量检测报告》。报告附图（详见图1-2～图1-6）和所得结论如下：

(1) 坝基岩体为泥盆系观雾山组D23～D29层中厚层、薄层灰岩、白云质灰岩、灰质白云岩、白云岩，岩石坚硬，裂隙、岩溶发育，坝基岩体属AⅢ1、AⅢ2、AⅣ2、AⅤ四类岩体，以AⅢ1、AⅢ2为主；

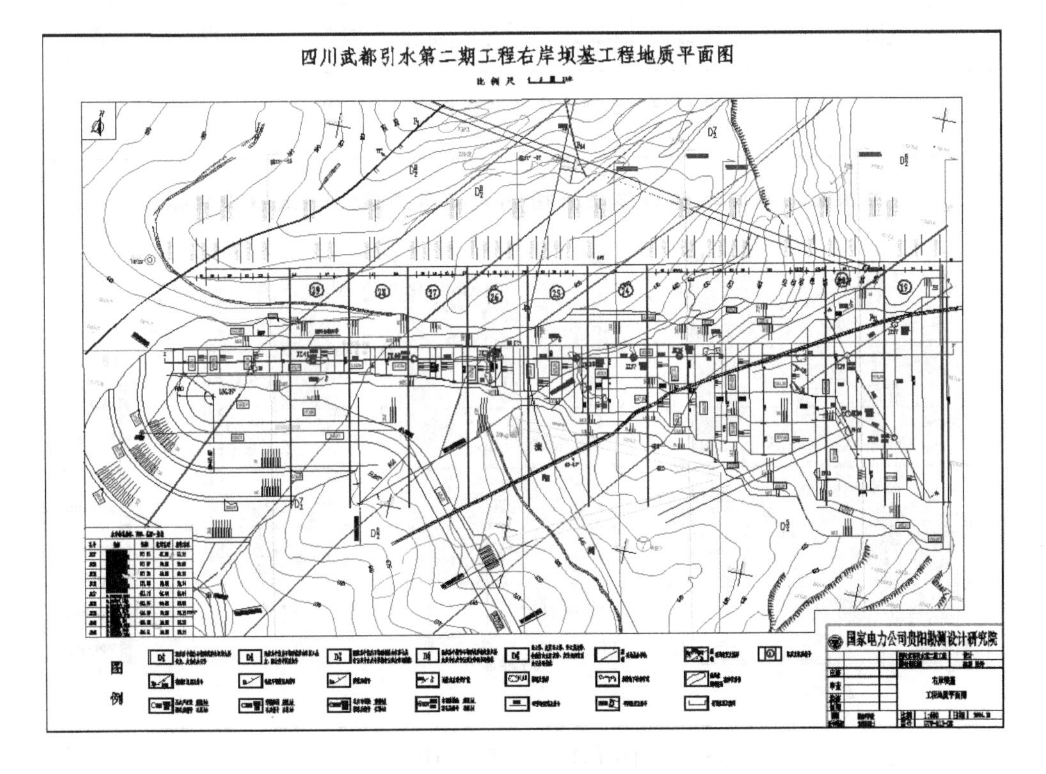

图1-2　武都水库右岸坝基检测平面图

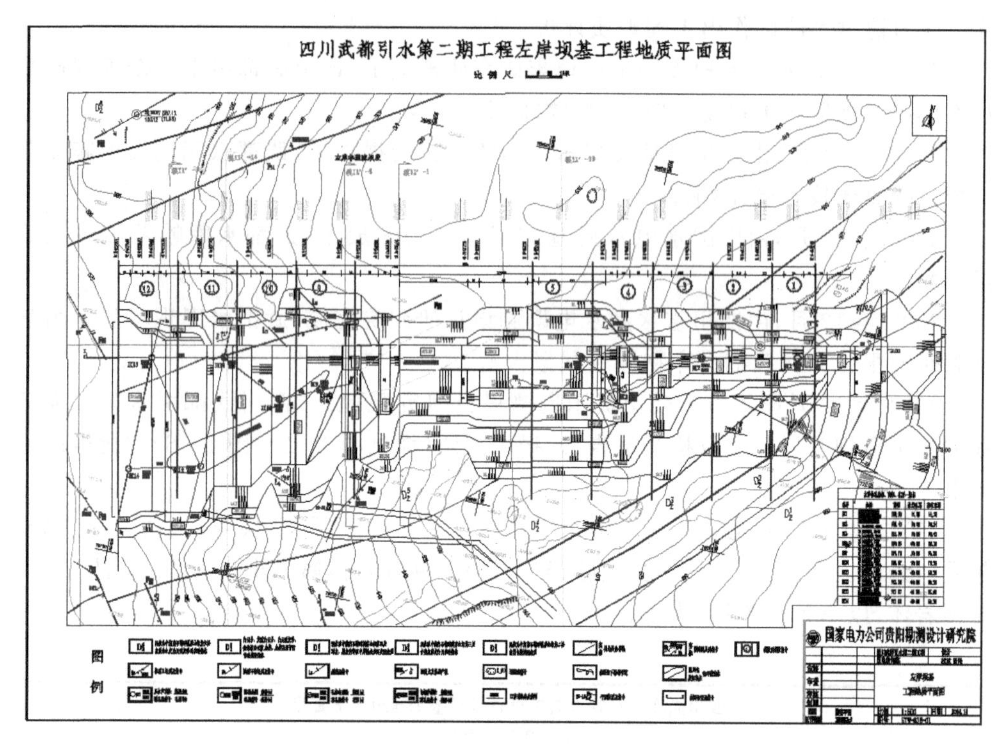

图 1-3　武都水库左岸坝基检测平面图

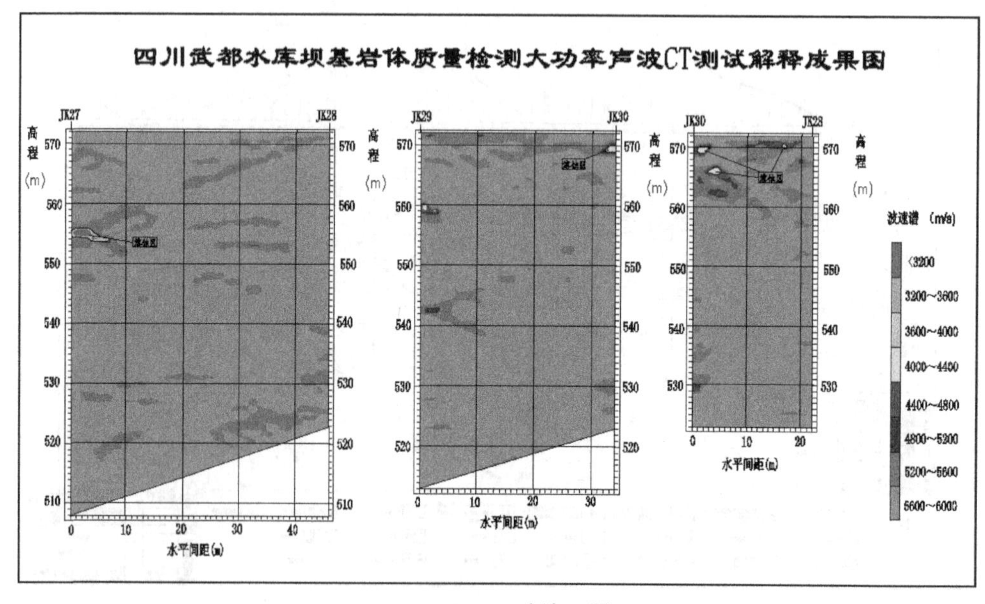

(a) JK27-JK30声波CT图

图 1-4　右岸坝基岩体质量检测电磁波 CT 测试解释成果图

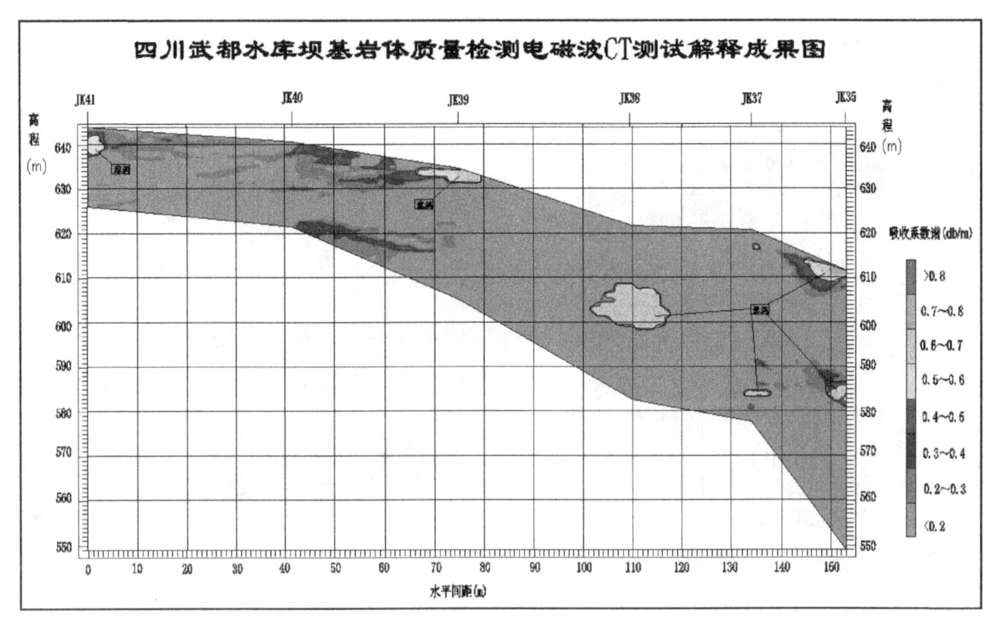

(b) JK35-JK41声波CT图

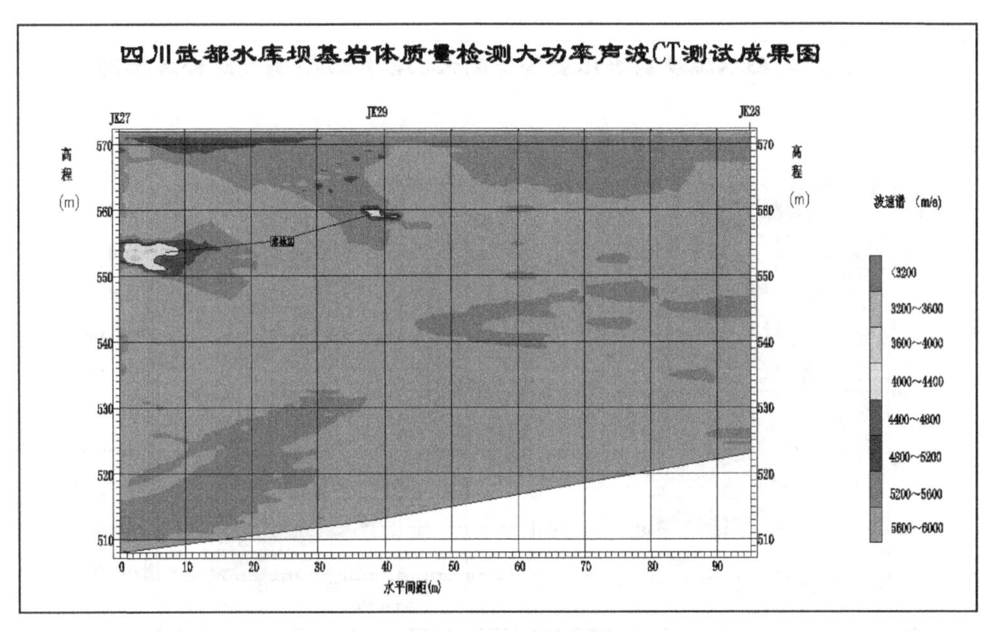

(c) JK27-JK29声波CT图

图1-4 右岸坝基岩体质量检测电磁波CT测试解释成果图(续)

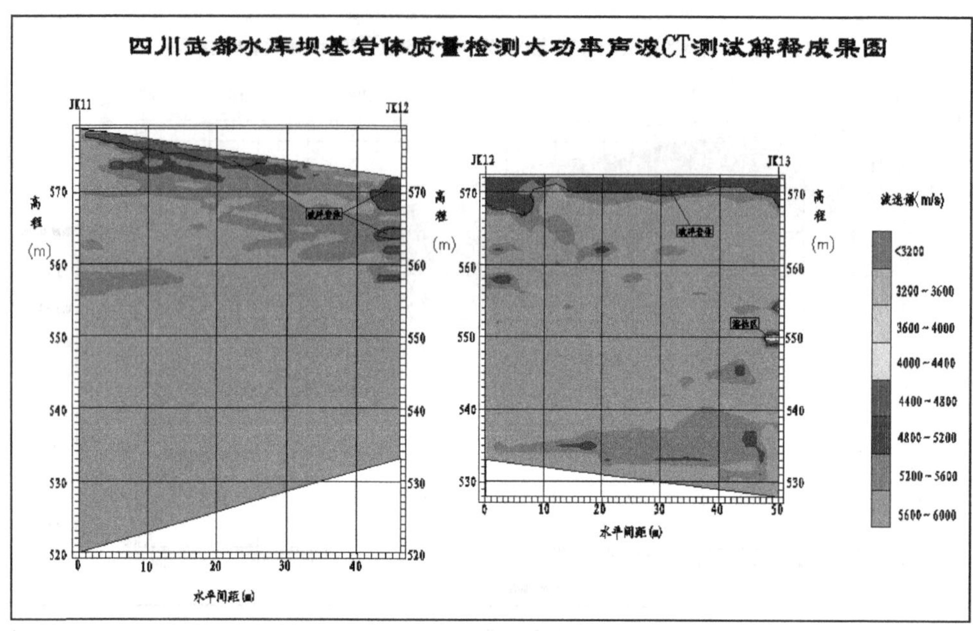

(a) JK11-JK13声波CT图

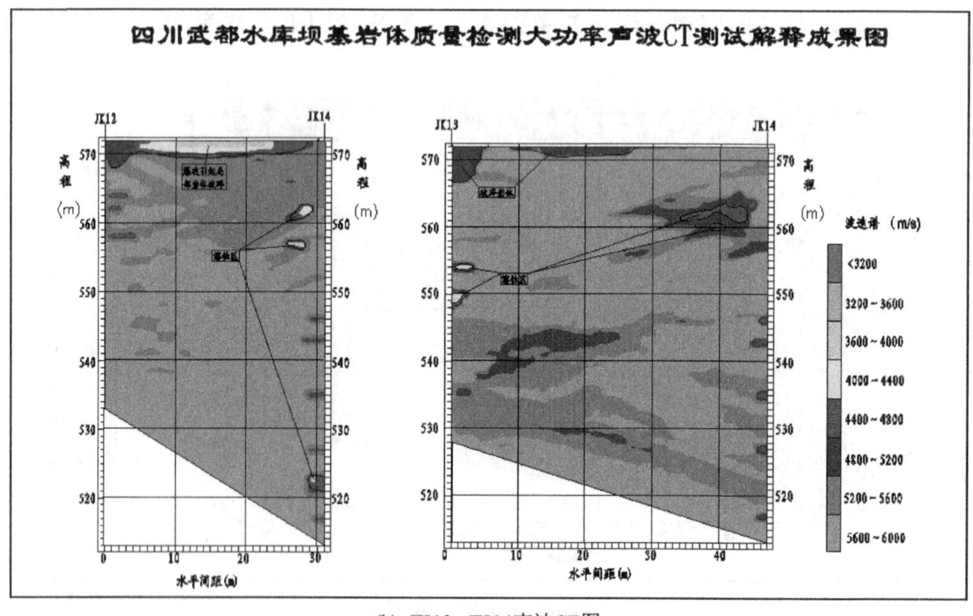

(b) JK12-JK14声波CT图

图 1-5 左岸坝基岩体质量检测电磁波 CT 测试解释成果图

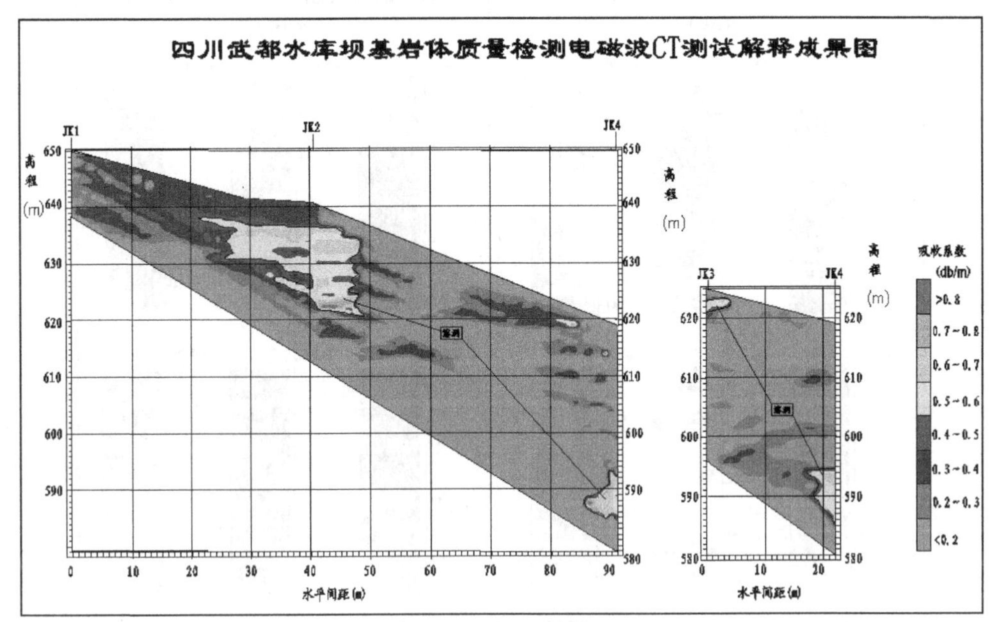

(c) JK1-JK4声波CT图

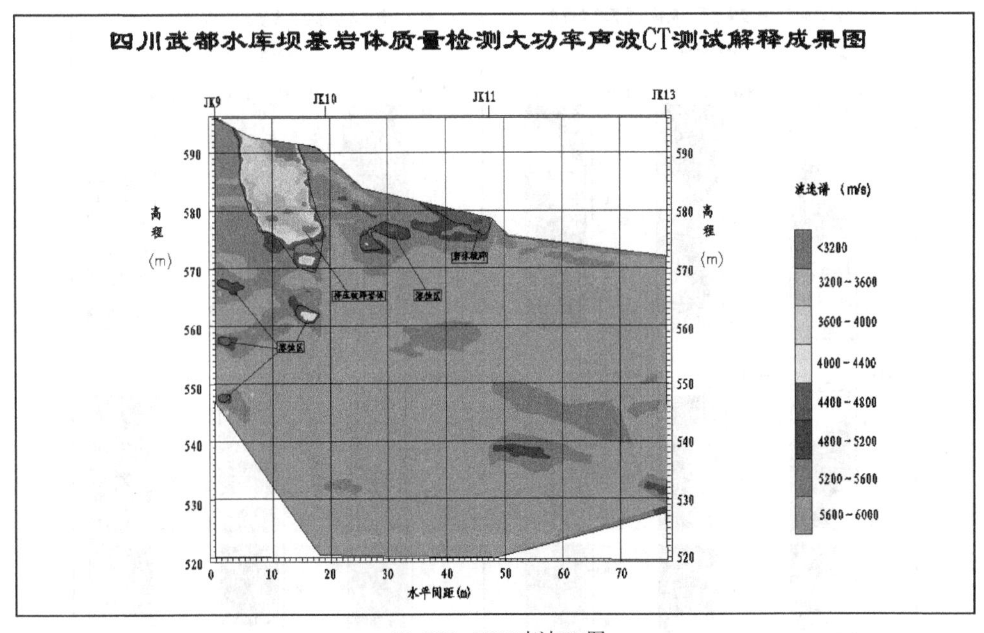

(d) JK9-JK13声波CT图

图1-5 左岸坝基岩体质量检测电磁波CT测试解释成果图(续)

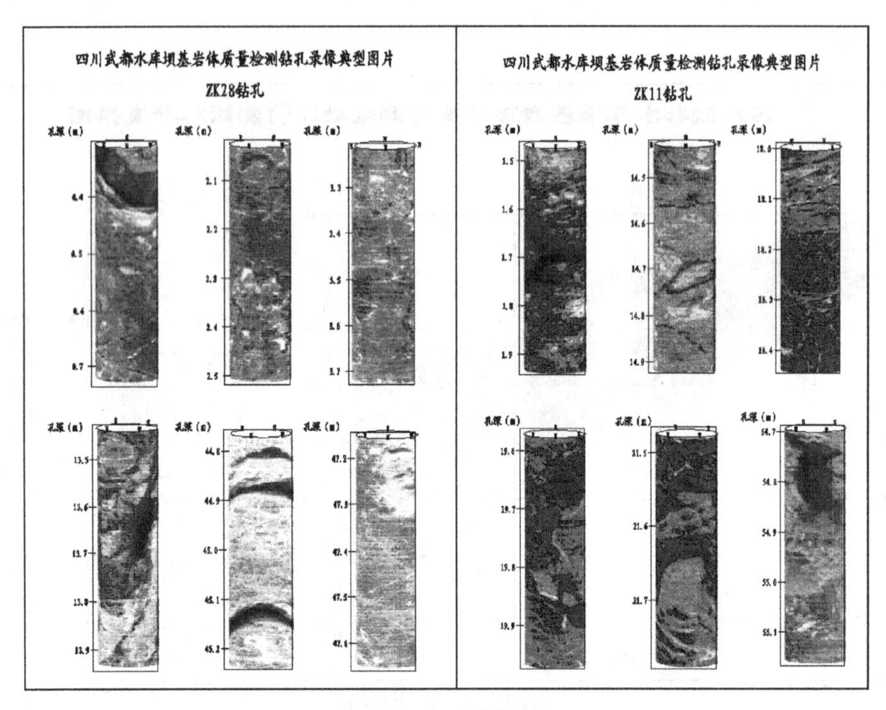

(a) ZK28、ZK11钻孔录像

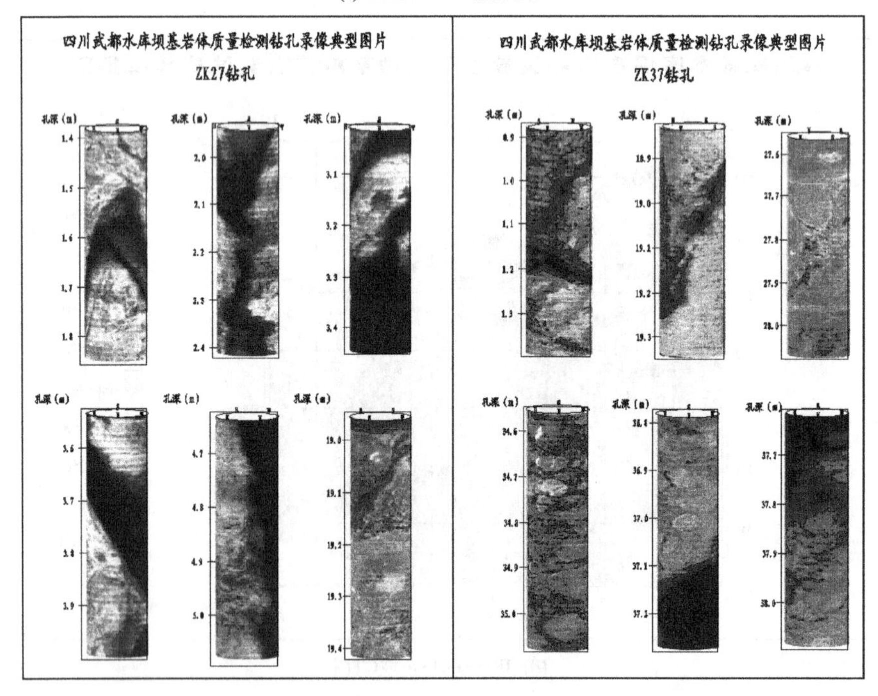

(b) ZK27、ZK37钻孔录像

图 1-6 武都水库典型钻孔录像

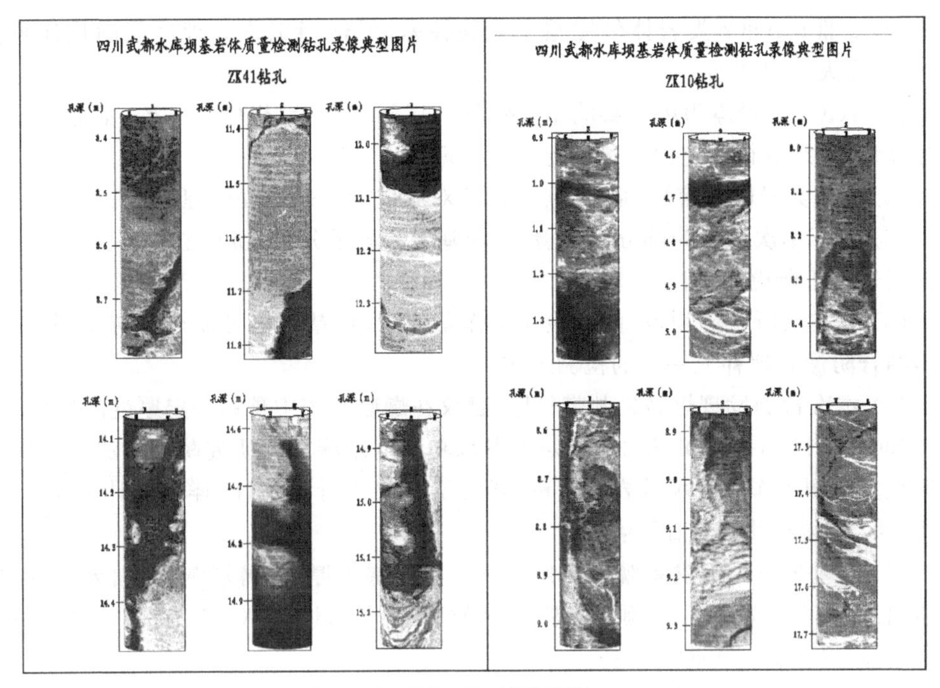

(c) ZK41、ZK10钻孔录像

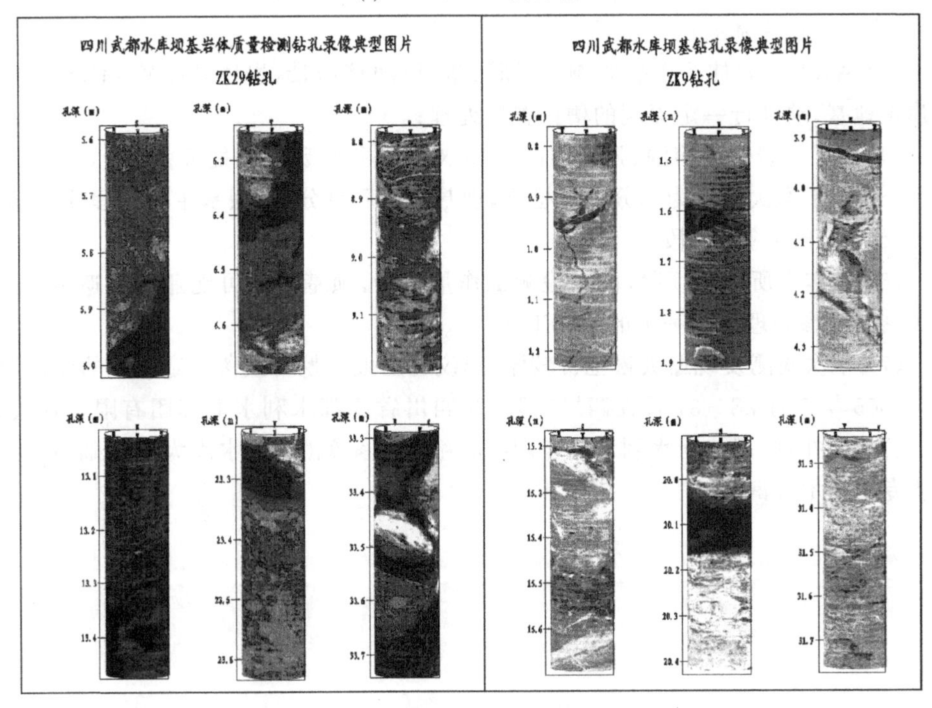

(d) ZK29、ZK19钻孔录像

图1-6 武都水库典型钻孔录像(续)

(2) AⅢ1、AⅢ2类岩体较完整～完整性差，经适当工程处理后能满足建坝要求，可作为大坝建基面；

(3) AⅣ2类岩体为爆破影响带、断层带、层间挤压带，岩体较破碎，不能直接作为建坝地基，须进行一定深度的槽挖置换处理；

(4) AⅤ类岩体为溶洞、强烈溶蚀带，须对其进行特殊工程处理；

(5) 由于本次检测为部分坝段检测，坝基岩体质量分类、坝基主要工程地质问题评价仅适用于所检测坝段；

(6) 就本次所检测坝段，由于检测工作量偏少，坝基岩溶可能还会有遗漏，建议下步结合防渗处理补充一定的检测工作；

(7) 本次检测发现爆破松弛带较厚，建议在爆破开挖中预留一定厚度的保护层。

2004年11月—2005年3月，四川省水利水电勘测设计研究院完成武都水库坝址区坝基检测工作。对坝基岩石质量、岩溶发育均进行了统计(详见统计表1-1～表1-8)，所得检测结论如下：

(1) 坝基岩体为泥盆系观雾山组D23～D29层中厚层、薄层灰岩、白云质灰岩、灰质白云岩、白云岩，岩石坚硬，裂隙、岩溶发育，坝基岩体属AⅢ1、AⅢ2、AⅣ2、AⅤ四类岩体，以AⅢ1、AⅢ2为主；

(2) AⅢ1、AⅢ2类岩体较完整～完整性差，经适当工程处理后能满足建坝要求，可作为大坝建基面；

(3) AⅣ2类岩体为爆破影响带、断层带、层间挤压带，岩体较破碎，不能直接作为建坝地基，须进行一定深度的槽挖置换处理；

(4) AⅤ类岩体为溶洞、强烈溶蚀带，须对其进行特殊工程处理；

(5) 由于本次检测为部分坝段检测，坝基岩体质量分类、坝基主要工程地质问题评价仅适用于所检测坝段；

(6) 就本次所检测坝段，由于检测工作量偏少，坝基岩溶可能还会有遗漏，建议下步结合防渗处理补充一定的检测工作；

(7) 本次检测发现爆破松弛带较厚，建议在爆破开挖中预留一定厚度的保护层。

2005年3月28—31日在四川绵阳，受四川省武都水利水电集团有限责任公司(业主)的委托，中国江河水利水电咨询中心组织专家就《武都水库大坝基础》进行了地质专题技术咨询。

表 1-1 岩石试验成果汇总表

层位	风化状态		干密度 ρ /(g/cm^3)	饱和密度 ρ_w /(g/cm^3)	颗粒密度 ρ_s /(g/cm^3)	吸水率 W_a /%	饱和吸水率 W_{sa} /%	孔隙率 n /%	抗压强度/MPa		抗拉强度/MPa		变形试验/GPa		软化系数 K_r
									干(R)	饱和(R_b)	干(δ_t)	饱和(δ_{tw})	饱和弹模(E_0)	泊松比(μ)	
D_2^4	弱风化	频数	1	1	1	3	3	3	3	3	3	3	3	3	
		平均值	2.69	2.70	2.71	0.23	0.28	0.75	103.4	94.1	4.21	3.90	54.9	0.24	0.91
		最大值				0.41	0.45	1.21	114.9	104.8	5.16	4.91	60.6	0.25	
		最小值				0.09	0.12	0.32	87.4	81.5	2.97	2.73	51.0	0.23	
	微风化	频数	1	1	1	3	3	3	3	3	3	3	3	3	
		平均值	2.70	2.70	2.71	0.14	0.16	0.42	71.9	60.4	3.13	2.77	49.7	0.25	0.84
		最大值				0.16	0.19	0.50	93.3	68.2	3.40	3.04	54.0	0.26	
		最小值				0.10	0.12	0.32	57.2	52.8	2.78	2.55	44.0	0.24	
D_2^5	弱风化	频数	1	1	1	3	3	3	3	3	3	3	3	3	
		平均值	2.82	2.82	2.83	0.14	0.16	0.41	102.4	84.1	5.24	3.72	60.7	0.21	0.82
		最大值				0.15	0.17	0.45	119.9	85.6	5.95	5.54	70.3	0.23	
		最小值				0.12	0.15	0.35	73.4	83.3	4.44	2.18	52.2	0.20	
	微风化	频数	7	7	7	21	21	21	21	21	21	21	21	21	
		平均值	2.79	2.79	2.80	0.23	0.25	0.71	119.0	102.1	6.84	5.24	59.1	0.22	0.86
		最大值	2.82	2.84	2.85	0.52	0.59	1.64	161.2	132.9	9.81	7.50	68.2	0.24	
		最小值	2.70	2.70	2.71	0.05	0.06	0.16	67.0	70.7	3.68	2.81	49.6	0.18	

续表 1-1

层位	风化状态		干密度 ρ /(g/cm³)	饱和密度 ρ_w /(g/cm³)	颗粒密度 ρ_s /(g/cm³)	吸水率 W_a /%	饱和吸水率 W_{sa} /%	孔隙率 n /%	抗压强度/MPa		抗拉强度/MPa		变形试验/GPa		软化系数 K_r
									干(R)	饱和(R_b)	干(δ_t)	饱和(δ_{tw})	饱和弹模(E_0)	泊松比(μ)	
D_2^6	弱风化	频数	2	2	2	6	6	6	6	6	6	6	6	6	
		平均值	2.72	2.72	2.72	0.10	0.11	0.30	105.3	91.4	4.08	3.12	48.6	0.25	0.87
		最大值	2.74	2.74	2.74	0.18	0.19	0.52	116.4	101.0	4.81	3.74	60.7	0.28	
		最小值	2.70	2.70	2.71	0.05	0.05	0.15	90.0	82.5	3.02	2.36	37.6	0.23	
	微风化	频数	1	1	1	3	3	3	3	3	3	3	3	3	
		平均值	2.70	2.70	2.70	0.06	0.07	0.20	74.8	63.8	4.50	4.26	61.4	0.20	0.85
		最大值				0.13	0.14	0.39	80.6	65.9	4.94	4.56	69.5	0.22	
		最小值				0.01	0.02	0.05	68.3	60.0	4.04	3.83	46.8	0.19	
D_2^7	微风化	频数	1	1	1	3	3	3	3	3	3	3	3	3	
		平均值	2.74	2.74	2.74	0.17	0.19	0.55	121.4	111.5	5.65	4.83	60.4	0.23	0.92
		最大值				0.32	0.35	1.00	145.6	132.0	6.51	5.85	61.2	0.24	
		最小值				0.10	0.11	0.30	98.2	92.3	4.53	3.32	58.9	0.22	
D_2^8	微风化	频数	1	1	1	3	3	3	3	3	3	3	3	3	
		平均值	2.76	2.76	2.78	0.23	0.26	0.71	131.1	113.8	5.84	4.61	60.8	0.23	0.87
		最大值				0.28	0.32	0.85	137.0	127.9	6.68	4.70	62.4	0.24	
		最小值				0.17	0.19	0.53	130.0	96.7	4.77	4.46	59.0	0.22	

表 1-2　钻孔资料统计表

层位	风化程度	岩芯采取率/(%)	RQD/(%)	裂隙率/(条/m)	岩溶直线率/(%)	透水率(Lu)		溶洞发育位置及规模(垂直高度)	备　注
D_2^3	微风化	96.80	92.1	0.70		段数	2		仅左坝肩端头 JK1 号孔 1.5～12.10 m 遇到，且全孔深度仅 12.1 m
						平均值	6.51		
						最大值	7.48		
						最小值	5.53		
D_2^4	微风化	93.57	58.18	1.40	32.400	段数	9	JK2:637.55～635.65 m，高 1.9 m 634.45～622.25m，高 12.2 m JK3:624.66～621.86 m，高 2.8 m 619.90～616.60 m，高 3.3 m JK4:608.16～607.76 m，高 0.4 m 592.66～584.86 m，高 7.8 m	压水共 10 段：其中 JK4 号孔 11.00～16.15m(高程 609.26～604.11 m)段因遇 0.4 m 高溶洞，Lu＝32.97 未统计进平均值，已统计 9 段中：Lu<1 的 2 段；其余 7 段 Lu＝2.23～9.50
						平均值	3.80		
						最大值	9.50		
						最小值	0.15		
D_2^5	强风化	93.90	54.30	1.48		段数	1		JK27 号孔 1.47～5.70m 孔段，近地表近河边，受爆破和溶蚀裂隙影响，压水过程中在钻孔外围见所压入水流出
						平均值	118.20		
						最大值			
						最小值			
	弱风化	92.51	53.90	1.43	0.024	段数	3		压水共 6 段：Lu<1 的 1 段，Lu＝1～10 的 2 段，Lu＝10～50 的 2 段，Lu＝132.82 的 1 段，此 3 段压水时水从孔周围渗出，故未统计进平均值
						平均值	1.26		
						最大值	1.60		
						最小值	0.78		

续表 1-2

<table>
<tr><th>层位</th><th>风化程度</th><th>岩芯采取率/(%)</th><th>RQD/(%)</th><th>裂隙率/(条/m)</th><th>岩溶直线率/(%)</th><th colspan="2">透水率(Lu)</th><th>溶洞发育位置及规模(垂直高度)</th><th>备 注</th></tr>
<tr><td rowspan="4">D_2^5</td><td rowspan="4">微风化</td><td rowspan="4">94.72</td><td rowspan="4">67.92</td><td rowspan="4">1.50</td><td rowspan="4">0.009</td><td>段数</td><td>98</td><td rowspan="4">JK12:565.2～557.2 m 溶孔发育
JK13:555.4～554.7 m,高 0.7 m
550.79～549.89 m,高 0.9 m
JK14:546.1～541.1 m;535.1～533.1 m;
528.1～551.1 m 溶孔发育
JK27:556.15～555.39 m,高 0.76 m
JK29:559.98～559.23 m,高 0.75 m
JK30:569.86～569.36 m,高 0.5 m</td><td rowspan="4">压水共 107 段,Lu>30 的共 9 段未统计进平均值,Lu<1 的 70 段;Lu=1～10 的 24 段;Lu=10～50 的 9 段;Lu=50～100 的 3 段;Lu>100 的 1 段。统计数据内孔深共 516.6 m,其中含新鲜岩石孔段共 43.37 m</td></tr>
<tr><td>平均值</td><td>2.51</td></tr>
<tr><td>最大值</td><td>28.24</td></tr>
<tr><td>最小值</td><td>0.01</td></tr>
<tr><td rowspan="8">D_2^6</td><td rowspan="4">弱风化</td><td rowspan="4">93.15</td><td rowspan="4">68.92</td><td rowspan="4">2.14</td><td rowspan="4">25.4</td><td>段数</td><td>6</td><td rowspan="4">JK39:635.59～632.59 m,溶洞高 3 m,无充填</td><td rowspan="4">共压水 6 段,1<Lu<10 的 2 段,10<Lu<50 的 4 段</td></tr>
<tr><td>平均值</td><td>22.87</td></tr>
<tr><td>最大值</td><td>45.70</td></tr>
<tr><td>最小值</td><td>3.20</td></tr>
<tr><td rowspan="4">微风化</td><td rowspan="4">93.75</td><td rowspan="4">73.42</td><td rowspan="4">1.38</td><td rowspan="4">23.60</td><td>段数</td><td>11</td><td rowspan="4">JK37:584.24～583.14 m,溶洞高 1.1 m
JK38:607.6～599.4 m,发育多层溶洞,最高 8.2 m,总高 15.15 m</td><td rowspan="4">共压水 12 段,其中 JK37 号孔 586.84～581.14 m 段中有溶洞,Lu=49.52 未统计进去,11 段压水 Lu<1 的 0 段;1<Lu<10 的 3 段;10<Lu<50 的 8 段</td></tr>
<tr><td>平均值</td><td>15.32</td></tr>
<tr><td>最大值</td><td>29.94</td></tr>
<tr><td>最小值</td><td>3.24</td></tr>
</table>

续表 1-2

层位	风化程度	岩芯采取率/(%)	RQD/(%)	裂隙率/(条/m)	岩溶直线率/(%)	透水率(Lu)		溶洞发育位置及规模(垂直高度)	备　注
D_2^7	弱风化	95.2	41.80	1.09		段数	1		
						平均值	12.5		
						最大值			
						最小值			
	微风化	99.4	78.30	0.58		段数	3		压水3段: 1<Lu<10的1段; 10<Lu<50的2段
						平均值	9.95		
						最大值	13.53		
						最小值	5.87		
D_2^8	弱风化	87.34	66.91	0.78	45.7	段数	1	JK41:642.6~642.0 m,溶洞高0.6 m 641.2~639.8 m,溶洞高1.4 m 639.2~637.7 m,溶洞高1.5 m	因溶洞发育,无法压水,本段水高程为636.71~633.26 m,距溶洞底约1 m
						平均值	70.79		
						最大值			
						最小值			
	微风化	99.73	54.80	0.63	18.4	段数	1	JK41:632.76~632.01 m,溶洞高0.75m; 630.61~629.46 m,溶洞高1.15 m; 627.51~626.96 m,溶洞高0.55 m	因溶洞发育,无法压水,本段水高程为626.51~621.71 m,接近溶洞
						平均值	34.06		
						最大值			
						最小值			

表 1-3 坝基开挖、钻孔揭露、CT探测溶洞一览表

位置	地层代号	勘测手段	孔号(坝段)/高程(m)	溶洞个数	溶洞高程/m	溶洞规模/m	描述
左岸	D_2^3gn	地表	660 平台	1	660～661(洞口)	1.2×1.0	沿 N40°E 方向发育,可见深 8 m,底部充填粘土及碎石
			652 平台	1	652～653.5(洞口)	2.5×1.3	沿 N40°E 方向呈递 25°角发育,可见高 7.3 m,可见深 15 m,底部充填粘土及碎石
	D_2^4gn	钻孔	JK2/642.45	2	637.55～635.65	1.9	无充填,钻进中掉钻,岩溶顶板岩层厚 4.9 m
					634.45～622.25	12.2	
			JK3/625.96	2	624.66～621.86	2.8	底部充填粘土及碎石,岩溶顶板岩层厚 1.3 m
					619.90～616.60	3.3	
		地表	626 平台	4	626.0(Kj15)	1.5×1.0	垂直发育,可见深度 3 m,部分已被开挖回填
					625.5(Kj14)	1.7×1.2	垂直发育,可见深度 3 m
					625.0(Kj10)	4.5×3.5	垂直深未见底,沿 N40°E 和 SE40°方向发育,部分已被开挖回填
					628(Kj9)	1.2×0.8	竖井状发育
右岸	D_2^5gn	钻孔	JK4/620.26	2	608.16～607.76	0.4	无充填,钻进中掉钻,岩溶顶板岩层厚 12.1 m
					592.66～584.86	7.8	
			JK13/573	2	555.4～554.7	0.7	充填黄粘土,岩溶顶板岩层厚 17.6 m
					550.79～549.89	0.9	
		地表	620 下游边坡(622～623)	2	623(JK13)	1.5×1.0	垂直发育,可见深度 3 m,底部已被开挖回填
					622(JK13)	1.8×1.2	
		CT	JK4 往 JK2 方向 7 m,JK10 往 JK9 方向 5 m	1	618.0～620.0	2.0	
				1	572.0	1.5	
						1.2	
		钻孔	JK27/573.15	1	556.15～555.39	0.76	充填粘土及碎石,岩溶顶板岩层厚 17.0 m
			JK29/573.28	1	559.98～559.23	0.75	无充填,岩溶顶板岩层厚 13.3 m
			JK30/573.20	1	569.86～569.36	0.5	底部充填黄粘土及碎石,岩溶顶板岩层厚 3.31 m

续表 1-3

位置	地层代号	勘测手段	孔号(坝段)/高程(m)	溶洞个数	溶洞高程/m	溶洞规模/m	描　述
右岸	D_2^5gn	地　表	573 平台	1	573.20	1.5×1.1	已被开挖部分回填
			573 平台轴线往坝肩方向开挖边坡	1	574～578.50	4.5×4.5	洞底充填粘土及砂砾石，砂砾磨圆度中等，沿 S30°W 方向发育
		CT	JK30 往 JK28 方向 3 m	1	565.00	2.5×1.5	
	D_2^6gn	钻孔	JK37/621.74	1	584.24～583.14	1.1	无充填，钻进中掉钻，岩溶顶板岩层厚 37.5 m
			JK38/622.96	3	607.66～594.16	13.5	无充填，钻进中掉钻，岩溶顶板岩层厚 15.3 m
					593.46～591.66	1.8	
					590.51～589.26	1.25	
			JK39/636.19	1	635.59～632.59	3.0	无充填，钻进中掉钻，岩溶顶板岩层厚 0.6 m
		地表	605 平台	1	605.00(Kj5)	3.0×2.5、2.5×2.0	竖井状发育，已被开挖部分回填
			621 平台	1	621.00(Kj3)	1.8×1.2	竖井状发育，已被开挖部分回填
			617 平台	1	617.00	1.5×1.0	竖井状发育，空洞，可见深 8.0 m
			633.4 平台	1	633.40(Kj14)	0.6×0.5	竖井状发育，空洞，可见深 3.0 m
			635.8 平台	1	635.80 (Kj12)	1.8×1.5	竖井状发育，已被开挖部分回填，可见深度 4 m
	D_2^8gn	钻孔	JK41	6	642.61～642.01	0.6	无充填，钻进中掉钻，岩溶顶板岩层厚 3.0 m
					641.21～639.81	1.4	无充填，钻进中掉钻
					639.21～637.76	1.45	底部充填黄粘土夹碎石及砂砾石
					632.76～632.01	0.75	无充填，钻进中掉钻
					630.61～629.46	1.15	无充填，钻进中掉钻
					627.51～626.96	0.55	无充填，钻进中掉钻
		地表	648.9 平台	1	648.9	3.8×1.5	竖井状发育，垂直可见深 20 m

表 1-4 坝基岩体质量工程地质分类表

类别	地层岩性	风化程度	岩体结构	饱和抗压强度(R_b)/MPa	平均波速/(m/s)	变模/GPa	裂隙率(条)/m	RQD/(%)	岩溶直线率/(%)	透水率(Lu)	分布位置
$A_{Ⅲ1}$	D_2^3～D_2^9 灰岩、白云质灰岩、灰质白云岩、白云岩	微风化	层状结构（厚、中厚及薄层）	平均:102.1 最小:70.7 最大:132.9	5 250 (4 350～5 890)	4.54～6.36	0.7～1.5	67.92 (58.18～78.3)	0.009(4、5、12、24、25 号坝段隐伏溶洞发育)	2.51 <1 72 段 1～10 37 段 10～50 22 段 >50 4 段	整个坝基爆破开挖松动影响层及弱风化层以下地基，所有检测坝段均有分布
$A_{Ⅲ2}$	D_2^5～D_2^8 灰岩、白云质灰岩、灰质白云岩、白云岩	弱风化	中厚层状结构	平均:84.1	4 710 (3 260～5 130)	2.61～4.64	0.78～2.14	53.90 (41.8～68.92)	0.024 溶蚀裂隙、溶孔、晶孔发育	压水 14 段 <1 1 段 1～10 4 段 10～50 7 段 >50 2 段	⑫、⑲、⑳、㉔、㉕坝段
$A_{Ⅳ2}$	D_2^3～D_2^8	爆破影响层、强风化带、断层、层间挤压带	碎裂结构		2 700～4 140		1.48			118.2 1 段	爆破平台及斜坡表层地带，⑲坝段近河一带，⑨、⑩、⑪、㉖坝段下游面，F_{31} 及 F_{58} 断层破碎带和影响带
$A_{Ⅴ}$	D_2^4、D_2^6、D_2^8 灰岩	岩溶发育区	散体结构								左、右岸坝基工程地质平面图上地表溶洞（编号 KjX）发育部位，主要在②、③、④、⑤、㉕、㉖、㉙坝段

表1-5 坝基孔内弹模测试成果表

位置	孔号	测试位置高程/m	地层	风化程度	变模/GPa	声波速度/(m/s)
左坝肩	JK2	638.5	D_2^4		0.523	
	JK3	613.0	D_2^4		0.977	3 480
	JK4	612.3	D_2^5	微风化	4.492	4 760
	JK9	589.7	D_2^5	微风化	9.609	5 880
	JK10	580.1	D_2^5	微风化	5.027	4 920
右坝肩	JK27	566.2	D_2^5	弱风化	3.268	4 670
		564.2	D_2^5	弱风化	8.136	5 550
	JK28	565.3	D_2^5	微风化	4.978	5 000
	JK29	569.3	D_2^5	弱风化	2.537	4 340
	JK30	563.7	D_2^5	微风化	8.228	5 550
	JK37	618.7	D_2^6	弱风化	2.722	4 350
	JK38	614.0	D_2^6	微风化	4.543	4 880
	JK39	626.7	D_2^6	弱风化	4.338	4 760
	JK40	639.1	D_2^7	弱风化	2.610	4 310
	JK41	635.6	D_2^8	弱风化	3.723	4 670

表1-6 坝基孔内弹模测试成果统计表

地层	风化程度	测点数/组	最小值/GPa	最大值/GPa	平均值/GPa	说明
D_2^4		1			0.523	距下伏溶洞底板0.9 m
		1			0.977	距上覆溶洞底板3.14 m
D_2^5	弱风化	3	2.537	8.138	4.647	
	微风化	5	4.492	9.609	6.360	
D_2^6	弱风化	2	2.722	4.338	3.530	
	微风化	1			4.543	
D_2^7	弱风化	1			2.610	
D_2^8	弱风化	1			3.723	距上覆溶洞底板2.09 m

表 1-7 坝基岩体声波测试成果统计表

地层	风化程度	测点数/个	最小波速值/(m/s)	最大波速值/(m/s)	平均波速值/(m/s)	完整性系数	说 明
D_2^3	弱风化	5	4 210	5 260	4 670	0.55	弱、微风化地层中的测试波速值存在小于2 500 m/s的数据，该数值为钻孔遇到溶洞孔段的测试结果，全部进入汇总统计
	微风化	47	4 650	6 250	5 320	0.72	
D_2^4	弱风化	11	2 860	5 000	3 760	0.36	
	微风化	270	1 350	5 800	4 500	0.51	
D_2^5	强风化	25	2 120	3 840	2 950	0.22	
	弱风化	169	1 440	6 250	4 710	0.56	
	微风化	2 389	1 400	6 250	5 250	0.70	
	新鲜基岩	210	3 570	6 250	5 270	0.71	
D_2^6	弱风化	131	1 470	6 250	4 530	0.52	
	微风化	318	1 500	6 250	5 100	0.66	
D_2^7	强风化	9	2 340	3 520	2 900	0.21	
	弱风化	28	3 560	6 250	5 130	0.67	
	微风化	58	5 000	6 250	5 890	0.88	
D_2^8	强风化	10	1 890	3 330	2 700	0.19	
	弱风化	39	1 780	5 550	3 260	0.27	
	微风化	40	2 260	5 550	4 350	0.48	

表 1-8 物探 CT(大功率声波、电磁波)测试成果汇总表

剖 面	地 层	异常区位置		规模/m	性 质	备 注
		平距/m	高程/m			
JK1-JK2-JK4	D_2^4 弱	40	630	20.0×15.0	溶洞、无充填	钻孔揭露
	D_2^5 微	83	619	1.5×1.0	溶洞	
	D_2^5 微	88	590	5.0×6.0	溶洞、无充填	钻孔揭露
JK3-JK4	D_2^4 微	2	625	3.5×2.0	溶洞、无充填	钻孔揭露
	D_2^4 微	21	590	3.0×6.0	溶洞、无充填	钻孔揭露
JK9-JK10-JK11-JK13	D_2^5 微	10	585	10.0×15.0	岩体破碎	
	D_2^5 微	30	576	5.0×2.5	溶蚀区	
	D_2^5 微	42	577	5.0×2.5	岩体破碎	
	D_2^5 微	3	567	3.0×1.5	溶蚀区	
	D_2^5 微	17	563	3.0×3.0	溶蚀区	
	D_2^5 微	1.5	557	1.5×1.0	溶蚀区	
	D_2^5 微	1	548	1.5×1.0	溶蚀区	

续表1-8

剖 面	地 层	异常区位置		规模/m	性 质	备 注
		平距/m	高程/m			
JK11-JK12	D_2^5 微	15	577	26.0×2.0	岩体破碎	
	D_2^5 微	44	570	4.0×4.0	岩体破碎	
	D_2^5 微	44	564	3.0×1.0	岩体破碎	钻孔揭露
JK12-JK13	D_2^5 弱微	25	571	50.0×2.1	岩体破碎	
	D_2^5 微	50	554	1.0×1.0	溶蚀区	钻孔揭露
	D_2^5 微	49	550	2.0×1.0	溶蚀区	钻孔揭露
JK12-JK14	D_2^5 微	15	572	28.0×2.0	岩体破碎	
	D_2^5 微	28	562	3.0×1.0	溶蚀区	
	D_2^5 微	27	557	2.0×1.0	溶蚀区	
	D_2^5 微	30	522	2.0×2.0	溶蚀区	钻孔揭露
JK13-JK14	D_2^5 微	2	570	3.0×5.0	岩体破碎	
JK13-JK14	D_2^5 微	20	571	15.0×2.0	岩体破碎	
	D_2^5 微	2	554	2.5×1.0	溶蚀区	钻孔揭露
	D_2^5 微	1	549	1.5×1.5	溶蚀区	钻孔揭露
	D_2^5 微	40	562	8.0×2.0	溶蚀区	
JK27-JK29-JK28	D_2^5 微	3	554	7.0×3.0	溶蚀区	钻孔揭露
	D_2^5 微	38	559	2.0×1.0	溶蚀区	
JK27-JK28	D_2^5 微	3	555	7.0×1.5	溶蚀区	钻孔揭露
JK29-JK30	D_2^5 微	1	560	1.0×1.0	溶蚀区	钻孔揭露
	D_2^5 弱	34	570	2.0×1.0	溶蚀区	钻孔揭露
JK30-JK28	D_2^5 弱	2	570	1.0×1.0	溶蚀区	钻孔揭露
	D_2^5 微	4	566	1.0×1.0	溶蚀区	
	D_2^5 微	17	570	0.5×0.5	溶蚀区	
JK39-JK38-JK37-JK35	D_2^6 弱	3	632	5.0×1.5	溶洞、无充填	钻孔揭露
	D_2^6 微	35	605	13.0×10.0	溶洞、无充填	钻孔揭露
	D_2^6 微	62	584	5.0×1.0	溶洞	
	D_2^6 弱	77	611	6.0×3.0	溶洞	
	D_2^6 微	78	584	3.0×4.0	溶洞	
JK41-JK40-JK39	D_2^8 弱	2	640	3.5×4.0	溶洞、无充填	钻孔揭露
	D_2^6 弱	70	633	3.5×2.0	溶洞、无充填	钻孔揭露

1.1.2 前期工作不足

坝区岩性可分为可溶岩和非可溶岩，可溶岩地层中岩溶极发育，两种岩性地层抗风化、地下水侵、溶蚀能力差别较大、致使坝基地层差异风化明显，常呈囊状、循环风化。坝区处于龙门山褶皱带前山断裂带北段 F5、F7 断层间，地质条件复杂、内外动力地质作用强烈，揭示断裂构造共 74 条。构造线呈北东～南西向展布，主要结构面有北东向压性结构面，北西向张性结构面及近南北或东西向压扭性结构面。区内褶皱仅有峡口向斜分布，其轴部距坝轴线上游 148～220 m。

根据已有地质工作，坝基主要存在以下问题：

(1) 坝基处于断裂间，因挤压切割岩体裂隙发育，岩层常发生错位变形，存在坝基岩体变形稳定性问题。

(2) 坝基处于 D2gn 可溶岩地层中，受构造控制和地下水侵、溶蚀作用岩溶发育，存在坝基渗漏、渗透稳定性问题。

(3) 坝基 F5～F11 断层间，断裂构造、层间错动带极发育，存在坝基抗滑稳定性问题。

坝基所处特殊地质环境造就了坝基工程地质问题的特殊性和复杂性，如何合理划分岩体质量等级，正确提取岩体和结构面的物理力学参数，从而为大坝建基面选择提供地质依据，成为坝区最基本也最为重要的工程地质问题之一。准确地划分坝区岩体质量等级，认清影响岩体质量的主要地质因素，选择合适的岩体分级方法至关重要。同时，多种分级方法的建立，不仅可以相互验证其分类结果，了解各种方法的主要特点，而且通过相关方程的建立，还可以找出各方法的相互联系及其结果之间所存在的规律性。

为探索和解决上述问题，重点以坝区工程地质条件、坝基岩体结构面特征、岩体质量、强度特性、岩溶特性开展研究工作，对坝区岩体及结构面进行初步分级，通过各级岩体分级指标与其对应的力学参数进行相关性分析，从而获得与各级岩体配套的物理力学参数，使岩体质量分级结果更具实际价值。在此基础上对武都水库坝基建基面开挖深度进行综合分析研究，可直接为武都水库大坝工程服务，对保证大坝安全、工期提前、控制工程投资、优化设计参数、提高施工质量、优化设计具有十分重大的工程实践意义。本项研究对在复杂地质条件下坝基开挖深度研究方面的探索也具有重要的理论意义。

1.2 坝基开挖深度研究现状及不足

随着西部大开发、“西电东送、西气东输、南水北调和青藏铁路”四大工程的实施，特别是大型水电工程在西部大规模展开，我国资源开发和基础设施建设正以前所未有的速度空前发展。在这些大型水利枢纽工程建设中，地质、岩体条件是威胁建筑物安全最重要的自然因素，而结构面导致岩体力学性能的不连续性、不均一性和各向异性，是岩体中力学性质相对薄弱的部位，对岩体在一定荷载作用下变形破坏方式和强度特征起着控制作用。如巴西 Itaipu、印度 Bhakra、澳大利亚 Warragamba 及我国龙羊峡、葛洲坝、二滩、三峡、溪洛渡等世界著名的大型水电工程都存在软弱结构面问题，给坝基开挖深度的确定增加了技术难度。根据对世界已建水工建筑物的调查统计，大坝因坝基失事占 33.96%，特别是 1945 年后因坝基失事的数量仅次于因洪水没顶及溢洪道冲毁。因此在大型水利工程建设中，坝区岩体工程地质条件和力学性质是坝基开挖深度确定的主控因素，是工程中需解决的一个重大技术问题，也是建设的重点、难点问题。

1.2.1 研究方法

研究表明，对大坝安全影响的主要坝基因素有：(1) 坝基变形特性，特别是当坝基较坝体变形模量低得多时将引起坝体内应力过大；(2) 坝基强度特性，主要是贯通性好的软弱结构面对坝基稳定影响最大；(3) 坝基渗透特性，一是坝基扬压力及坝基渗透水流引起渗透破坏的可能，二是渗透量满足设计要求，达到蓄水目的；(4) 坝基的耐久性。坝基开挖深度取决于这四个控制因素，尤以变形、强度特性为重。一般中高坝要求坝基变形模量不低于 500 MPa，岩块湿抗压强度不低于 30 MPa。低坝坝基开挖深度研究方法如弹模法、声波法就是根据工程经验按一定弹模值或声波波速值来研究坝基开挖深度的。

目前坝基开挖深度研究方法有以下几种：

(1) 有限元(边界元、离散元)等数值分析法。其重点在于分析岩体变形及承载力。在设计荷载作用下通过对坝基变形量的计算，坝体内应力分布及应力集中等各种情况分析，计算坝区塑性变形区(破坏区)分布范围，从而研究建基面位置。此方法简单易行，费用低，精度有保证且可根据实际情况不断修改、调整，备受设计者欢迎。

(2) 刚体极限平衡法。主要验算坝基的岩体稳定性，通过对坝基潜在不稳定岩体在设计荷载作用下的稳定性计算来研究坝基开挖深度。

(3) 模糊数学分析法。这是一种综合评价坝基开挖深度的方法，它把多种开挖方案对应参数或评价指标作为分析指标，通过模糊数学的分析方法选出其中最佳方案作为优化方案提交设计使用。

(4) 系统分析法。它把坝基开挖深度的研究作为一个系统工程来看，系统下分地质条件、设计参数、工程措施、施工质量和工程经验五个子系统，每一子系统又包含若干评价参数。子系统间相互影响、相互依存、相互转化，表现出复杂的交叉效应和动态关系。

(5) 系统工程地质法。由地质数学模型系统和目标系统两大系统组成，系统间通过“参数”紧密联系。此法将地质工作进程分为预备设计、初步设计、施工校核设计和竣工安全预测四个阶段。初步设计阶段建立具有一定保证率的地质数学模型，这是一个静态系统。随着工作的进展，原有地质数学模型在各阶段得到及时检验、修正，由此构成一个动态系统。在建基面位置研究时，该分析方法可同时考虑各种影响坝体安全性和耐久性因素以做出最优选择。

1.2.2 国内外研究现状

水库电站的修建涉及环节多、技术复杂，至今未形成一套完整的坝基开挖深度研究的理论体系。坝区地质工作主要是围绕坝基开挖深度研究而展开，因为它不仅关系到大坝安全运行，而且关系到投资、工期等经济、社会效益。坝基岩体质量好坏对大坝安全影响很大，当前乃至今后一段时期内坝将越建越高，规模越来越大，因此世界坝工建设中对坝基岩体质量的研究将是大坝建基面研究的焦点。建基面岩体特性研究在国际上普遍采用岩体分级方法研究岩体空间分布规律，并以此研究坝基岩体的开挖范围。

岩体质量分级因工程类型(如大坝、隧道、边坡等)不同而有多种方法。国外岩体质量分级研究约始于 20 世纪 30～40 年代，直至 70 年代分级大多仅限于单指标的定性或定量分类。70 年代后，岩体分级由定性向定量，由单因素向多因素方向发展。

1939 年苏联 ф. П. Саваренскии 用定性分级方法把岩石强度、岩体变形和渗透特性用于坝基岩石分级，之后由 Н. Н. Маслов(马斯洛夫)做了改进。1960 年苏联在岩基混凝土重力坝设计规范(CH123－60)中提出了根据岩石单轴抗压强度的岩体分级方法，将岩石分为软岩和硬岩，再根据岩石构成、风化程度、裂隙、透水性及固结灌浆情况细分为若干亚级并提出各亚级基岩与混凝土的抗剪参数。

欧美岩体分级最早为 D. U. Deeret R. P. Miller 分类，但它不适合坝基岩体。1974 年 L. Müler 提出了按连续性划分岩体级别的定量分级方案。美国农业部土壤保护局 WllialnSO(1980，1984)提出统一的岩石分类系统(VRCS)。此时的坝基岩体质量分级主要有 R. P. 米勒提出的分类方案，它以岩体的抗压强度和模量比作为分类标志。

1982 年西班牙基库奇等人提出了适用于不均匀岩体的分级系统，并随后由 A. F. Macos(马科斯)和 C. tommillo(图米罗)等人改进，考虑岩石单轴抗压强度、弹性模量、岩体纵向地震波速、动弹模及水力断裂参数等指标将岩体分为六级，此法已用于对西班牙一些坝基岩体质量的评价。

日本岩体分级法起源于 20 世纪 50 年代修建黑部第四拱坝时，由田中提出并由菊地宏改进，它主要考虑岩石强度、岩体风化情况及节理裂隙发育情况等因素，将岩体分为六级并与一系列物理力学参数建立了相关关系，提出了鉴定岩芯用的岩体级别划分标准，该法在日本坝工建设中得到广泛运用并为中国坝工建设者借鉴。

此外还有一些其他分级方法，如国际岩石力学学会(ISRM)1981年提出的利用岩石单轴抗压强度划分岩石软硬强度的分级法。挪威土木研究所学者巴顿提出的Q系统分类。D. U. Deere(迪尔1964)的RQD分级。南非学者比尼威斯基(Bieniawski)提出的裂隙岩体地质力学分类法(RMR)，以定性的地层分类为特征，综合考虑岩体承载特性与地下挖掘效果。加拿大Cabare(康拜尔)视察我国二滩工程时，曾提出了三级实用岩体分类法，把岩体分为工程可利用岩体、经过工程措施处理后可利用岩体和不可利用岩体，并将该法应用于加拿大及南非水电工程中。

我国坝基岩体分类研究起步较晚，最早是实用分类法，把坝基岩体分为“风化岩”和“利用岩”，风化岩清除而利用岩做坝基。20世纪50～70年代中期，岩体分类以风化程度做划分依据，分为全风化、强风化、弱风化、微风化和新鲜五类，并将这种分类方法列入《水利水电工程地质勘察规范》(SDJ1478)中。这种分类方法的不足之处有二：一是相同矿物成分且具相同风化程度的岩体可因岩体结构差异而岩体特性差别很大；二是相同风化程度岩体因矿物成分不同而有不同力学特性，有时甚至差别很大。

在坝基利用问题上，20世纪七八十年代我国仍按“混凝土重力坝设计规范”(SDJ－21－78)中的规定“高坝应挖到新鲜或微风化下部基岩；中坝挖到微风化或弱风化下部”执行。因同级风化岩体不同区域其力学强度指标差别悬殊(最大可达10倍)，故在大坝建设中为确保安全，弥补因理论依据不足造成的困难，坝基岩体力学参数取值往往偏于保守。基于这些不足，一些学者提出了新的分级方法。如长办勘测处提出的块度模数法；以中科院地质所谷德振教授为首创建了《岩体工程地质力学》分级方案，并首先应用于地下及地面工程岩体分类中；1978年杨子文等人提出的岩体质量指标M法，它以岩石质量、岩体完整性、岩石风化及含水性作为分级因子，通过各因子组合进行岩体分级；1979年谷德振、黄鼎成又提出岩体质量系数Z分级法；1984年孙万和、孔令誉也分别提出了以岩体结构为指导思想的工程岩体分类及评价方法。

我国在大型水电工程(如三峡、二滩、天生桥、隔河岩、小湾等)建设过程中，不断对岩体分类进行深入研究，分别提出了符合各工程实际的分级方案。“三峡YZP法”认为影响坝基岩体稳定的主要因子有五项：岩体完整性、岩体(石)强度特性、结构面状态及强度特性、岩体透水性、岩体变形特性，同时拟定四项附加因子作为折减因素。成勘院二滩岩体质量分级法采用系统工程原理，建立了从单因素级差到多因素的综合评判，它考虑了岩体结构、岩石嵌合程度、风化特征、水文地质特征、岩体动力学参数和岩体力学指标，将岩体划分成六级十一个亚级并将断层带单独划分为一级，形成了完整的岩体质量体系，同时还建立了一系列表征地质因素的定量指标，如结构面性状系数、岩体结构系数、围压系数等。清江隔河岩按照《工程岩体分级标准》，根据岩石坚硬程度和岩石完整程度确定岩石的基本质量，然后考虑地下水状态、初始应力状态、工程轴线方位与软弱结构面产状的组合关系等修正因素划分工程岩体等级。在应用时针对隔河岩的实际工程地质特点还考虑了岩溶、层间剪切带、应力水平、工程部位等因素对岩石质量的影响，对坝基岩体质量[Q]dam 进行了修正。小湾岩体分级时根据小湾坝区工程地质特点，从制约岩体质量的五个主要因素：岩石强度、结构面性状、岩体完整程度、风化卸荷及水文地质条件，对坝区岩体质量进行研究，并分别用岩体质量指数 Z、Q 系统、RMR 系统、水电工程围岩分类等岩体分级方法对坝基岩体进行分级，最后还通过岩体级别与坝基岩体力学参数的相关分析，提出了各级岩体力学参数指标，为大坝设计提供了有益的参考。上述这些研究在实际水电工程中有针对性地对坝基岩体质量分级起到了很好的促进作用。

1.2.3 存在不足

综观岩体质量分级研究发展史，经历了从单因素向多因素、从定性描述向定性与定量相结合的发展过程，最后对各个要素做整体综合分析评价、判断和决策。1988年，中国水力发电学会地质及勘探专委会在兰州召开了《坝基岩体质量分类及参数选取学术讨论会》，提出了各种岩体分类方案与方法。如今的岩体分类方法无论其广度或深度都较早期有了长足的发展，但仍存在如下一些不足：

(1) 岩体分级时界线阈值的确定。如岩石质量指标 RQD 的阈值为“10 cm”能否作为合理划分岩体完整性的界线仍值得进一步商讨。

(2) 各岩体分级方法都是根据某类具体工程提出来的，而且所考虑的分级因素及分级模式也是固定的，但实际工程类别不尽相同，所遇地质情况也千差万别，因而分级结果与实际情况必然存在偏差，所以有必要在施工过程中对其分级结果加以检验。

(3) 岩体质量分级存在两种情况，要么分级因素过于简单，分级结果不准确，要么过于复杂，使用起来不方便，寻求一种既简单又适用的分类方法成为今后岩体分级研究所努力的方向。

(4) 过去坝基岩体质量分级多侧重于对岩体质量等级的定性或定量划分，相应缺乏与坝基岩体物理力学参数的横向联系。若能在具体工程中将岩体质量指标与其对应的物理力学参数进行相关分析，并给各级岩体配以恰当的物理力学参数，就能为水工设计及大坝建基面的合理选择提供有价值的地质参考。

1.3 主要研究内容

根据武都水库坝区工程地质条件复杂性并结合水库工程实际，本文研究目的是评价坝基岩体质量，合理选择建基面位置。主要内容包括以下几个方面：(1) 了解坝区工程地质条件，确定影响坝基岩体质量的主要因素；(2) 采用多种分级方法进行结构面及坝基岩体分级；(3) 确定与各级岩体配套的力学参数指标；(4) 根据上述分级结果,按照混凝土重力坝设计规范的要求,初步确定大坝建基面的开挖深度;(5) 按初步确定的建基面开挖深度,对天然地基与加固地基条件下坝基的应力、应变场分布特征、工作性态、抗滑安全系数做三维有限元模拟分析。

第2章 坝区工程地质条件

2.1 位置与交通

武都水库枢纽位于四川绵阳江油市武都镇以北约 4 km 涪江干流上，距下游武都引水工程进水闸 940 m，地理座标东经 104°46′～104°48′，北纬 31°56′～32°10′。枢纽区以南约 26 km 为宝成铁路江油(中坝)火车站，1.2 km 处有长城特殊钢厂准轨铁路支线。左岸有简易公路通往挡家垭；右岸有江油～武都～北城的县村公路经过，区内交通方便，详见图 2－1。

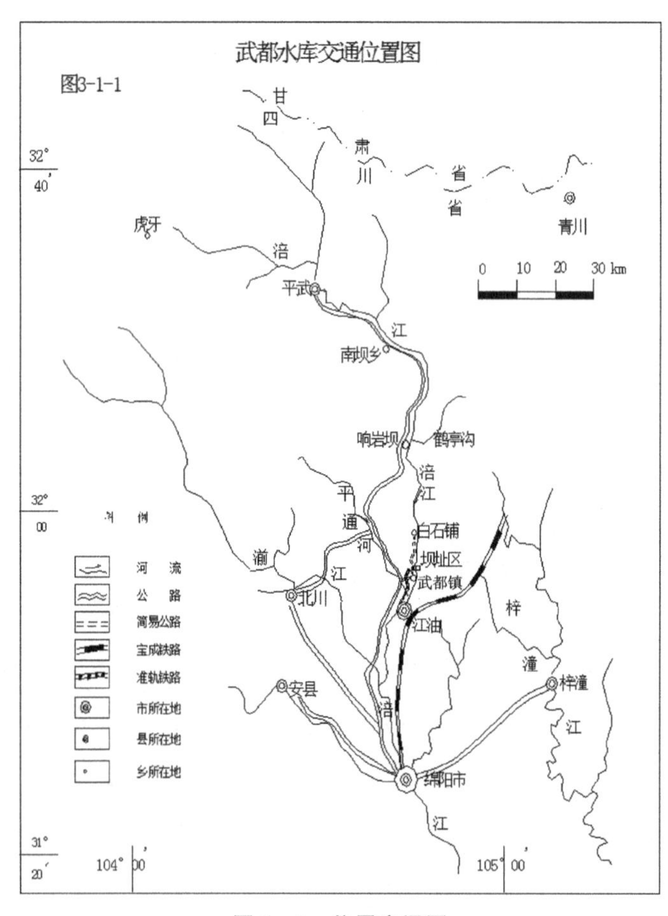

图 2－1 位置交通图

2.2　地形地貌

坝区位于柳林子村至武都引水枢纽取水闸，河段总长 1 260 m，河谷两岸略不对称，岩层走向与河流流向近垂直，属典型横向河谷。两岸地面高程 572～775 m，相对高差 153～202 m，山体走向与岩层走向基本一致，呈北东向，属低山构造剥蚀～溶蚀地貌单元（见图 2-2～图 2-4）。两岸岸坡以 30°～42°斜坡地形为主，右岸坝线附近岸坡为陡崖，两岸分别发育有 1、2、3、4 号溶蚀冲沟，各溶蚀冲沟延伸方向与岩层走向近于一致（见表 2-1）。两岸阶地不甚发育，Ⅰ级阶地阶面宽度较窄，Ⅲ级以上阶地形态破坏较严重（见表 2-2）。

图 2-2　左坝肩地貌

图 2-3　右坝肩地貌

图 2-4　河床地貌

表 2-1　坝区溶蚀冲沟特征简表

位　置	编　号	层位代号	长度/m	沟底高程/m	特　征
右岸	1#	D25、D26	250	614.2～659.3	沟源为吴家坪，切深 30～65 m；沟内落水洞与沟底有摸银洞(K7)相通
	2#	D24、D25	175	645～580	沟头在大窝凼溶蚀洼地，深度 30～50 m；有落水洞与吹风洞(K99)相通
左岸	3#	D25、D26	120	643～578	发育在岩湾里，冲沟两侧多落水洞
	4#	D21	200	635～574	主要在观涪洞出口段洞顶以上，沿 D2gn 底部与 D1pn 顶部接触带发育

表 2-2　坝区阶地特征表

阶　地	类　型	与河面高差/m	组成物质	分布位置
Ⅴ	基座	122.5	粘土夹砾石	阶面已破坏，仅右岸吴家坪 695 m 高程有残留层
Ⅳ	基座	70～77.5	上部粘土、下部为粘土夹卵石	仅左岸瓦厂里洼地 642.4 m 高程与右坝肩 650 m 高程有残留层
Ⅲ	基座	29.5	粘土夹砾卵石	Ⅲ级阶地已被冲刷，仅左岸 4# 溶沟 602 m 高程有残留层
Ⅱ	堆积	13.5～24	上部粘土、下部砂卵砾石	左岸小河村岩湾里、右岸柳林子沟口，阶面高程 586～587 m，阶面宽度 20～30 m
Ⅰ	堆积	7.5～10.5	上部粘土或亚粘土、下部砂卵砾石	左岸小河村、右岸麦地湾、柳林子，阶面高程 582.2～583.1 m，阶面宽度 13～20 m

2.3　地层岩性

坝区出露地层：右岸坝线上游为志留系上中统罗惹坪群＋沙帽群（S_{2-3}）砂、页岩地层；大坝坐落在泥盆系中统白石铺群观雾山组（D_{2gn}）碳酸盐岩地层上，碳酸盐岩地层具可溶性，岩溶洞穴发育（见图 2－5）。左岸坝线下游为泥盆系下统平驿铺群（D_{1pn}）之砂页岩地层、向下游依次为三迭系下统飞仙关组＋铜街子组（T_{1f+t}）及中统嘉陵江组＋雷口坡组（T_{2j+L}）等地层。第四系松散堆积层为中更新统、全新统地层，分布于岸坡及河床。地层岩性按可溶性、非可溶性分述如下。

2.3.1　非可溶岩地层

（1）志留系上中统罗惹坪群＋沙帽群（S_{2-3}）

由黄、紫褐色、灰绿色页岩、粉砂质泥岩夹中厚层状石英砂岩与薄层石英岩状砂岩组成，分布于右岸坝线上游，是防渗帷幕接头地层。本层由北东方向的寨子山，经库区至右岸，向南西延伸至平通河，厚度 230～350 m，岩层产状：N45°E/NW∠75°，是坝区主要的隔水地层之一。

（2）泥盆系下统平驿铺群（D_{1pn}）

出露在坝线下游河床及两岸地段。受龙门山推覆构造作用，伴随在 F7 断裂上盘中，逆冲于三迭系中统嘉陵江组＋雷口坡组地层之上，与上覆泥盆系中统白石铺观雾山组地层呈假整合接触（两地层之间缺失甘溪组与养马坝组）。工区分为两层：

D_1^1 层：由灰白色（风化后呈铁褐色），中厚层状，铁硅质胶结，致密坚硬较完整的石英岩状砂岩、石英砂岩夹薄层状岩性软弱，强度低的泥质粉砂岩与粉砂质泥岩组成。分布 F11～F7 间，层厚大于 103 m，也是坝区主要的隔水地层之一。

D_1^2 层：由薄层状粉砂质泥岩、泥质粉砂岩夹石英岩状砂岩所组成，厚约 100 m，分布在 F11 与 D_{2gn} 间。

2.3.2　可溶岩地层

1. 泥盆系中统白石铺群观雾山组（D_{2gn}）

该层以白云岩与灰岩互层为主，间夹薄层泥灰岩或微层泥灰岩、沥青质白云岩、角砾状灰岩，总厚 242～505 m。依据岩性组成特征，共分 D_2^1～D_2^9 九个层位，其中 D_2^3～D_2^7 内多薄层状或透镜体状。按岩性特征，将白石铺群观雾山组地层分层叙述如下：

第一层（D_2^1）灰岩（含结核灰岩）

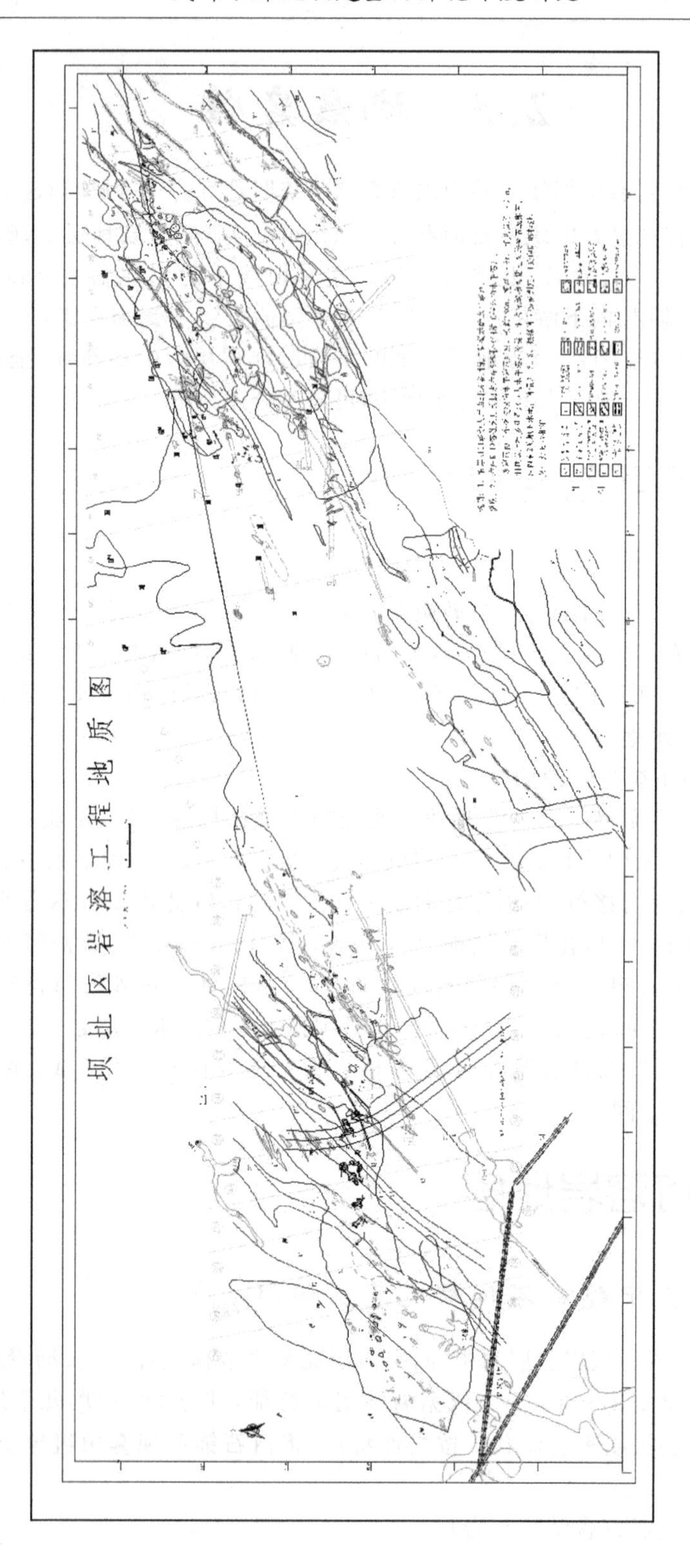

图2-5 坝区岩溶工程地质平面图

灰黑色，细粒结构，厚～中厚层构造为主，河床、右岸局部呈薄层状。岩石矿物成分以方解石为主，夹黑色燧石结核，大者 1.0×3.0 cm，形状不规则，分布不均一，局部集中分布。本层出露宽 24～18 m，真厚度约 21 m。分布于左岸坝端下游侧至右岸导流隧洞出口明渠右侧一带。

第二层(D_2^2)微层泥灰岩

灰、灰黑色，细粒结构，薄层～中厚层构造，微细层理发育。岩石矿物成分以钙质为主，含有泥质。左岸坝端层顶部为构造破碎带(宽度 2.7 m)，带内夹顺层分布宽度 10～15 cm 灰岩条带。右岸导流隧洞出口明渠右侧一带地表，该类岩层中夹褐黄色泥灰岩，厚度 1.3～2.0 m。本层出露宽度 25～20 m，真厚度 16 m。分布于左岸坝端至右岸导流隧洞出口明渠右侧一带。

第三层(D_2^3)介壳灰岩

灰黑色，细粒结构，薄层状构造，成分以方解石为主，灰岩中夹较多介壳生物化石，局部集中分布，生物化石直径一般 1 cm，大者 3～5 cm。出露宽度 4～2.50 m。分布于左岸坝端至右岸导流隧洞出口明渠右侧一带。

第四层(D_2^4)灰岩

灰黑色，细粒结晶结构，以薄层状为主，局部中厚层。层顶为灰褐色含介壳泥质灰岩透镜体(D_2^{4-1})，岩性软弱，风化较剧烈，在河床地段相变为灰黑色泥质灰岩。D_2^4 与 D_2^5 呈渐变接触，在层位界面处，左岸为层间错动带接触关系，溶蚀现象严重，右岸灰岩层内溶洞发育。出露宽度 21～40 m，真厚度 36 m。分布于左岸 1# 坝段至右岸导流隧洞出口右侧。

第五层(D_2^5)白云岩

一般灰～白灰色，少数灰绿色，微～细粒镶嵌结构，本层中上部，以中厚与厚层互层状夹薄层状为主，底部为薄层状构造。白云岩中白云石含量占 83%～98%，少许方解石、氧化铁，岩石中微裂隙发育。局部为暗灰褐色白云岩，为中细粒结晶结构，中厚层状构造，岩性不均一，可见到白色白云石和方解石团块或结核(3～5 cm)。

第六层(D_2^6)灰岩

灰～深灰色，细粒～微粒结晶结构，成分以方解石为主，中厚层～厚层状构造，少数为块状构造，局部为灰褐色含砾生物灰岩，含少量泥质、浅褐色钙质砾石，外部有黑色泥质包裹。分布于右岸 25#、26# 坝段。

第七层(D_2^7)白云岩

分灰白色结核白云岩(D_2^{7-1})、灰色含结核灰岩(D_2^{7-2})，一般灰白色，局部浅褐～褐黑色，细粒结晶结构，中厚层～块状构造，成分以白云石为主，含量占 85%～90%，方解石少量，方解石中可见乳白色珊瑚化石。岩石中微裂隙发育，遇稀 HCl 起微泡。分布于右岸 26#、27#、28# 坝段，出露宽度 20～60 m，厚度约 47 m。

第八层(D_2^8)灰岩

褐灰～灰绿色，局部夹灰黑色，颜色变化大，细～微粒结晶结构，薄～中厚层构造,岩性不均,主要成分为方解石含泥质,层中夹薄层页岩、沥青质白云岩,厚 0～23 m,出露宽度 16～30 m,分布于 29＃坝段。

第九层(D_2^9)白云岩

灰褐色,细～微粒结晶结构,中厚层状构造,岩性不均,见较多白云石团块及网状细脉。层厚大于 61 m,出露宽度 15～73 m,分布于右坝端及 30＃坝段地基中。

2. 三迭系下统飞仙关组+铜街子组(T_{1f+t})

出露在峡谷下游地段,即 F_7～涪江下游峡口一带,分为二层:

$T_1{}^1$ 层:中厚层状灰岩夹结核灰岩,灰岩呈微～细粒结构,层状构造,岩石致密、中等坚硬;结核灰岩多呈透镜体分布,结核成分为钙质,一般直径 5～15 cm。两岩性接触带多岩溶发育,厚度大于 215 m。

$T_1{}^2$ 层:钙质粉砂岩夹灰岩、鲕状灰岩及微层泥灰岩,层内岩石软硬相间,呈互层状。灰岩为坚硬岩,钙质粉砂岩、微层泥灰岩则质地较弱,本层厚度 264 m。

3. 三迭系中统嘉陵江组+雷口坡组(T_{2j+L})

由含结核白云质灰岩夹白云岩、钙质泥灰岩组成。含结核白云质灰岩灰白～灰黑色,微细粒结构,厚层状产出,岩石致密中等坚硬,结核主要由钙质组成,左岸宽右岸窄;白云岩、钙质泥灰岩多呈透镜体产出。本层出露厚度约 63 m,与泥盆系 D_{1pn} 呈断层(F7)接触,与 T_{1f+t} 呈整合接触。

2.3.3 第四系松散堆积层

河床覆盖层左岸薄,右岸厚度较大,最大厚度 15.21～24.25 m。中更新统冰水堆积层(${}^{fgl}Q_2$):由粘土夹砾石组成,砾石砾径一般 15～30 cm,上部有零星漂砾,厚 10～30 m。分布于左岸瓦厂里、右岸元堡山与大窝凼等Ⅳ级阶地上。河流冲积层(${}^{al}Q_4^1$～${}^{al}Q_4^2$):上部砾卵石厚 3.5～15.70 m,下部砾卵石呈微胶结～半胶结状,最大厚 15.56 m,均属强透水层。

2.4 地质构造

坝区位于龙门山褶断带前山构造带北段 F5 与 F7 断层间,区内主要构造线呈 NE～SW 向展布,岩层总体产状 N41°～68°E/NW∠66°～78°。区内仅有峡口向斜分布,但受北西～南东向挤压作用,断裂构造较发育,形成了以北东向为主的压性结构面,其次为北西向张性结构面及近南北或东西向压扭性结构面(见图 2-6、图 2-7)。

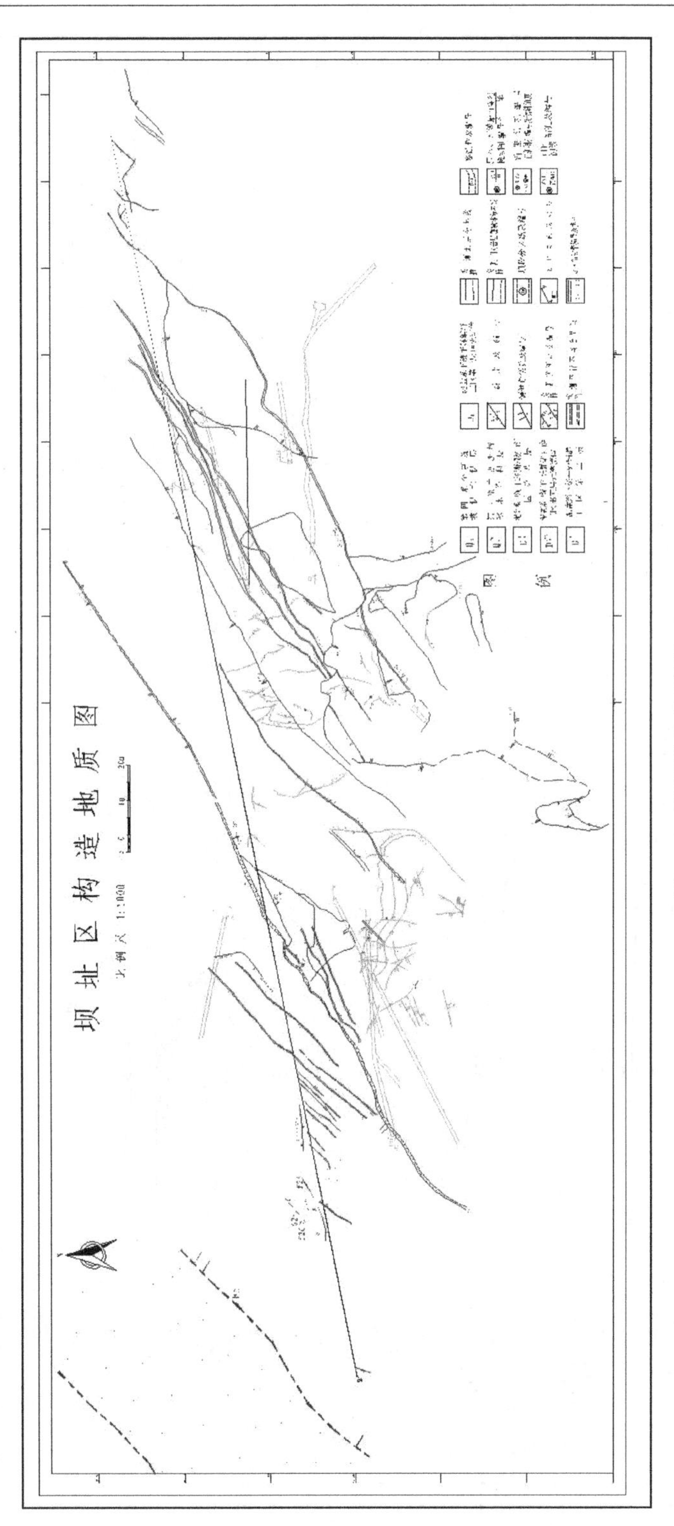

图2-6 坝区构造地质图

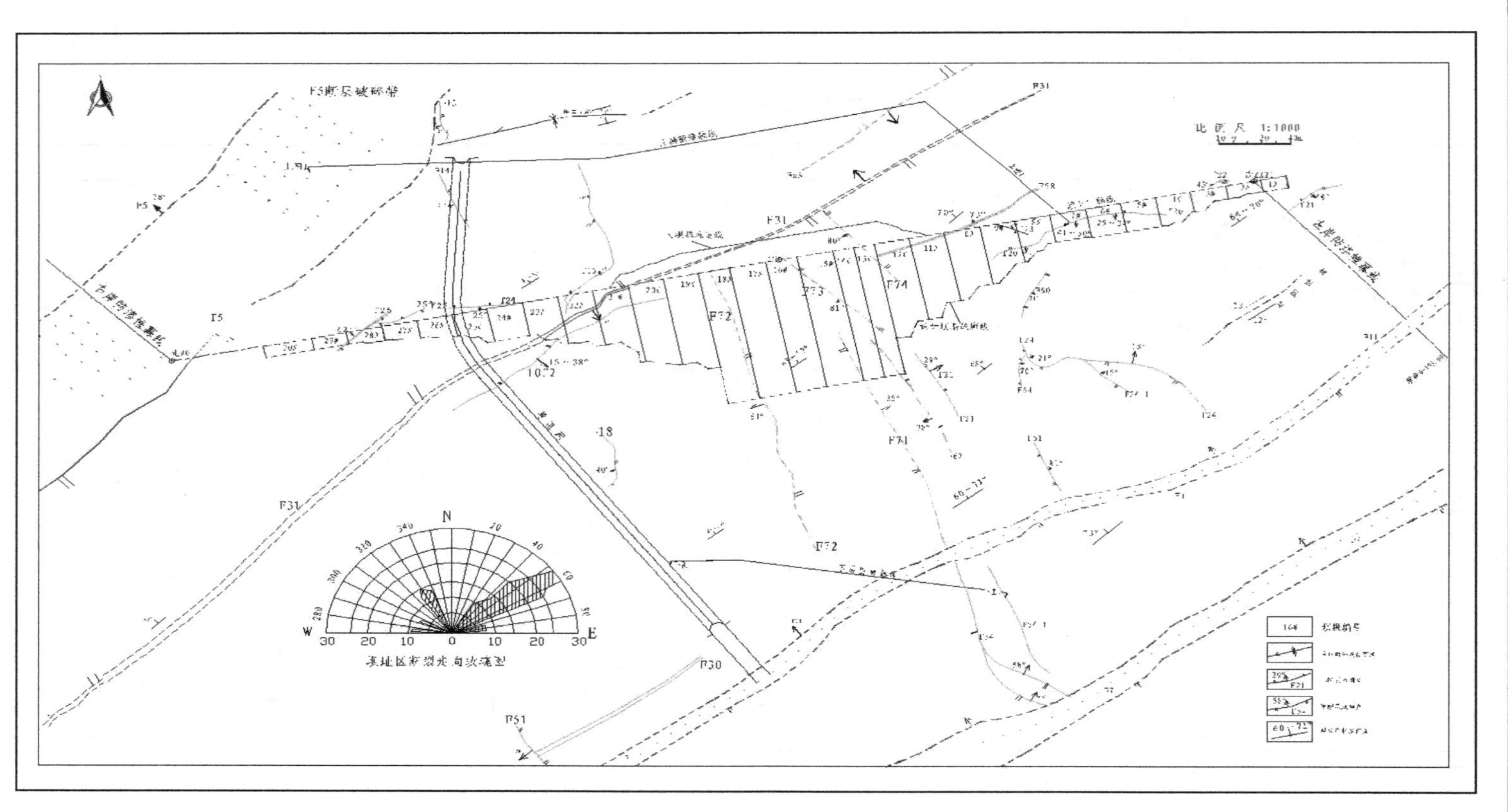

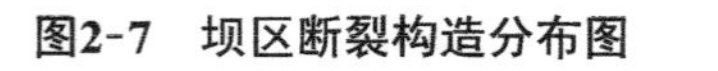

图2-7 坝区断裂构造分布图

2.4.1 褶　皱

峡口向斜轴部距坝Ⅱ′线上游 145～220 m，轴向 N50°～55°E，向 SW 倾伏，轴面倾向 NW。左岸核部为 D_2^6 灰岩，两翼 D_2^5 白云岩；右岸核部为 D_2^9 白云岩，两翼为 D_2^5～D_2^8 之灰岩与白云岩。两翼岩层倾角 52°～73°。受 F11、F7 断层挤压和牵引作用，在左岸 664～680.91 m 地段 D_1 岩层明显弯曲呈背斜状。受牵引褶曲作用，左坝肩 D_{2gn} 地层中 D_2^1～D_2^4 层位的岩层走向变化较大，背斜倾覆端对应的 D_2^1～D_2^4 岩层走向，平面上向 NW 方向凸出。

2.4.2 断　层

控制工区构造格局的断层主要为 F5 和 F7，相距 560～680 m，呈北东向展布，F5 分布于右岸坝上游的防渗地段，F7 分布于左岸坝下游 280～300 m，此地段中发育了 F11、F21、F31、F58、F61、F62、F71、F72、F73、F74、F24、10f2、f16、f101 等断层，在河床中 f101 断层分布在 13＃～17＃坝段内，断层底界高程 533.95～556.59 m，缓倾上游，属岩屑夹泥型破碎带，性状差，抗剪强度低，是坝基内主要控制滑移面之一。

2.4.3 层间错动带

坝区处于 F5 与 F7 断层之间的地块内，岩层受构造挤压作用强烈，岩层陡倾上游，因此，在坝区相对软弱岩层、夹层及透镜体地段，层间错动带较为发育，层间错动带基本上顺层分布、延续性较好。

2.4.4 构造裂隙

坝址区岩体中主要发育以下六组构造裂隙：

(1) N50～70°E/NW∠55～75°，层面裂隙，多闭合，连续性强。

(2) N15～35°W/SW∠50～75°，裂面平直，多闭合，延伸 10～20 m。

(3) N25～35°E/SE∠40～50°，裂面平直光滑，延伸 20～30 m。

(4) N50～70°W/NE∠45～65°，裂面较光滑，多闭合，延伸长度一般 20～30 m，个别 40～50 m。

(5) N40～50°E/SE∠12～28°，为缓倾角裂隙，裂面略起伏，较光滑，多闭合，延伸长度一般 5～10 m，大者 20～28 m。

(6) N35～45°W/ NE∠11～25°，为缓倾角裂隙，裂面起伏不平，较光滑，延伸情况同第(5)组。

2.5 物理地质现象

坝区地层主要为可溶岩，其次为非可溶岩，岩性差异较大，物理地质作用各有差异，主要表现为岩石风化、岩体卸荷、变形等现象。

2.5.1 岩石风化

坝基(肩)岩石以 D_2^5 白云岩为主，其次为灰岩，岩体风化特征主要依据钻孔、平硐揭示资料，并结合声波资料综合确定。岩石风化特征及其差异主要受地貌的影响而使左、右岸及河床部位在风化带厚度上存在一定差异；其次，受岩溶影响，局部地段存在囊状风化。

1. 河床坝基

河床白云岩坝基无强风化带，弱风化带一般厚 10～26 m，弱风化带中上部岩体厚 8～20.0 m，裂隙较发育，间距 0.5～0.8 m，裂面宽度 0～2 mm，充填泥质物，下部厚 2～6 m，裂隙不甚发育，裂面多闭合或充填钙质物。微风化带岩体较完整，裂隙多闭合，波速比值一般 0.80～0.99，但局部受断层发育影响，岩体较破碎，声波测试值较低。

2. 坝　肩

左右两岸强风化带厚分别为 7～9 m、4～6 m，带内风化、溶蚀裂隙发育，岩体较破碎；弱风化带厚分别为 15～37 m、16～26 m；带内上部岩石呈浅褐黄色，风化裂隙较发育，裂面多溶蚀，充填泥质物，下部相对较完整，裂隙不甚发育，裂面有少量泥质物充填。微风化带内岩石裂隙不发育，裂面闭合，无充填。受岩溶、断层、层间错动带发育影响，左岸坡在 584.82～558.82 m 存在囊状风化溶蚀带。右岸在 1 号溶沟与摸银洞相通地段，弱风化发育至 K7 溶洞底部约 3～5 m，底界高程约 550 m。

2.5.2 岩体卸荷

坝址区岩体卸荷特征总体不明显，主要受岩体结构控制；其次，地形地貌、岩性、水文地质条件有一定影响。局部地形较陡地段岩体卸荷带下限位于弱风化带岩体的中下部。卸荷带内裂隙较发育，裂隙宽度一般为 2～5 mm，大者 1～3 cm，粘土、岩屑充填。

2.5.3 变形岩体

变形岩体多为全风化或强风化岩石，岩石破碎，风化强烈，透水性强，由 10～25 m 厚石英岩状砂岩及泥质粉砂岩组成，因断层挤压岩层发生变位，产状紊乱，裂隙发育且裂隙多呈张开状，张开宽度一般为 0.5～1 cm，大者可达 20～30 cm，填充粘土或碎石。分布在左岸下游 F11～F7 断裂带之间的斜坡地段 571～655 m 之间，沿斜坡长 150 m 左右，宽 110 m。

2.6 水文地质条件

2.6.1 地下水类型

坝区地下水按埋藏条件和含水层性质主要为岩溶水，其次为孔隙潜水与基岩裂隙水。孔隙潜水分布在第四系堆积层中，受大气降水补给，排泄于河床。

基岩裂隙水分布于 D_1、$S_{2\text{-}3}$ 等地层内。坝址区泉点 1、2、3 号分布在左岸 D_1 地层中，高程 578～627 m，泉点 10、11 号分布于右岸坝前的 $S_{2\text{-}3}$ 地层内，分布高程 645～700 m。河水为重碳酸钙型水，其库尔洛夫式为：

$$CO_2\ 0.0021M0.182\ \frac{HCO_3 71.1SO_4\ 14.4}{Ca70.3\ Mg21.2}T20$$

岩溶水为重碳酸钙型水，其库尔洛夫式为：

$$CO_2\ 0.0022M0.21\ \frac{HCO_3 65.7\ SO_4\ 13.9\ CO_3\ 13.83}{Ca60.3\ Mg21.7\ (Na+K)18.0}T18$$

2.6.2 地下水动态特征

岩溶地下水变化与降水密切相关，主要受大气降水补给，排泄良好。当大气降水沿地表漏斗、落水洞、裂隙、岩溶洞穴等通道渗入到地下水通道后，由地下通道网迅速排泄，雨季后在观雾山两侧可见较多泉水在不同高程上出露，多数泉水在降雨后数小时或数日干涸(见图 2-8 长观孔资料)。

钻孔水位直接受降雨影响，反映敏感，一般在雨后一天开始上升，3～8 天达峰值，10～24 天降到低点，钻孔水位变幅有三种类型：① 水位在溶洞中，地下水流排泄通畅，变幅小；② 近岸边水位变幅稍大(河水位升降对其有影响)；③ 岸坡上为裂隙溶蚀型岩溶地段的孔内，水位变幅变化较大(见表 2-3)。

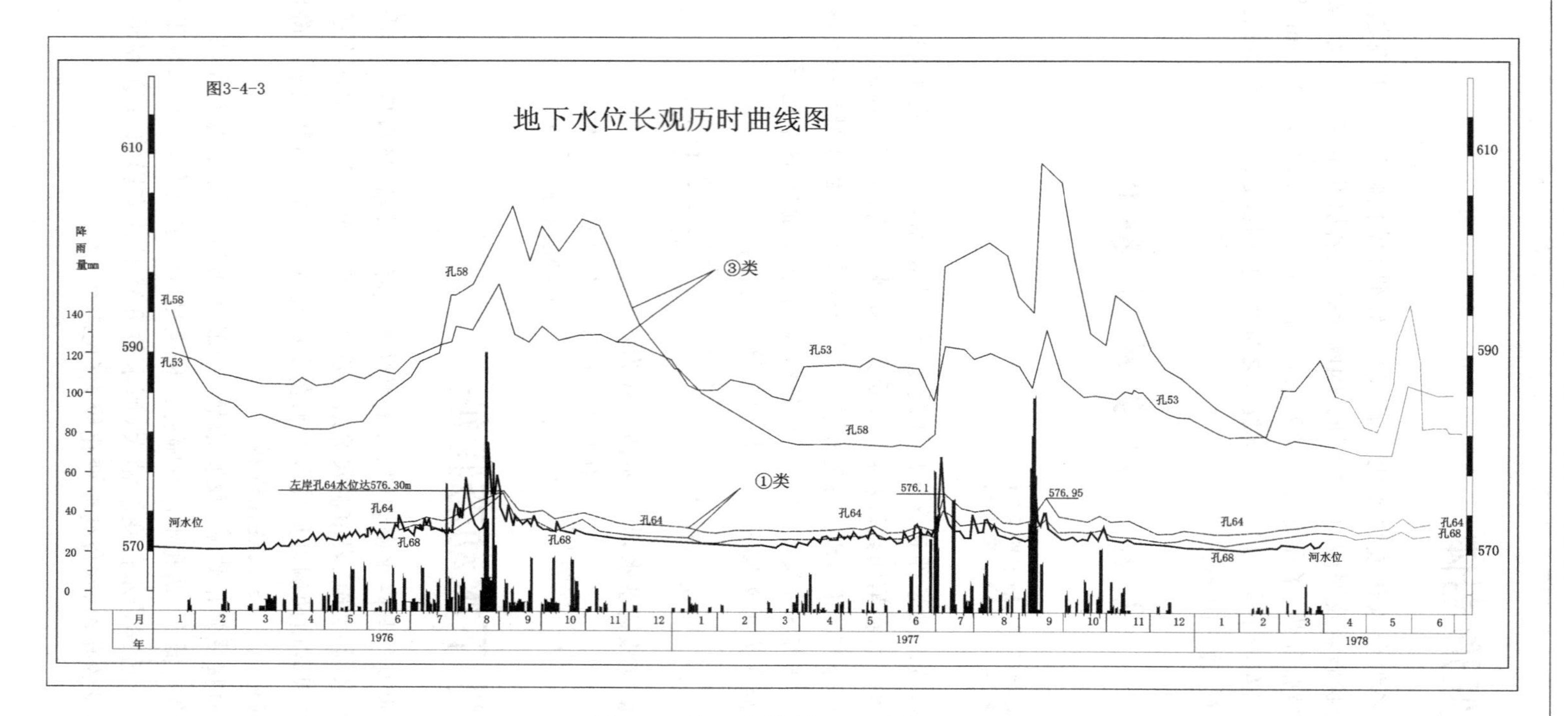

图2-8 地下水位长观历时曲线图

表 2-3　坝区长期观测孔地下水位资料

位置	孔号	高水位高程/m	低水位高程/m	波动区/m	类型	位置	孔号	高水位高程/m	低水位高程/m	波动区/m	类型
		观测日期	观测日期					观测日期	观测日期		
左岸	ZK3	640.75	636.94	3.8	③	右岸	孔 54	593.96	593.00	0.96	①
		91.7.29	92.3.9					78.3.18	76.1.4		
	孔 81	573.89	570.74	3.2	③		孔 61	595.00	594.36	0.64	①
		91.7.29	92.3.9					76.6.17	76.10.5		
	孔 71	574.83	571.26	3.6	③		孔 91	602.62	600.63	1.99	②
		77.7.9	77.2.1					78.2.1	78.3.9		
	孔 79	574.32	570.81	3.5	③		ZK9	575.70	573.89	1.81	②
		77.7.9	77.2.1					91.12.6	91.12.4		
	孔 64	576.06	572.01	4.1	③		孔 80	574.24	571.68	2.56	②
		91.10.17	91.12.4					91.5.24	91.10.7		
	孔 68	573.48	570.93	2.5	②		孔 94	622.09	612.13	9.90	③
		91.7.29	92.3.9					77.9.21	77.10.13		

2.6.3　地下水的补给、排泄

1. 一般地下水

根据长观孔地下水观测资料:左岸地下水力坡降为 1.8～1.9%;右岸水力坡降右坝肩一带为 2.31%,右坝肩向邻谷平通河方向水力坡降为 2.36%。说明枢纽区两岸地下水位高于河水位,即地下水向涪江排泄,补给型河谷。

2. 岩溶地下水

(1) 左　岸

左岸地下水排泄通道有两条:

1) 观涪洞(K108):左岸地下水主要排泄通道,全长约 3.5 km,地表水通过地表落水洞、层面裂隙和溶穴等通道与该溶洞连通,洪水期地下水由洞口泄入涪江,流量 6～8L/S,枯水期洞内为细流不能排出洞口,则在 K108-2 号支洞处渗到洞内低水位区(该水位与河水位同一高程)。

2) K160～K160-1 和 K166 及 K166-1 溶洞尾部在瓦厂里洼地,出口在工区上游柳林子对岸(即涪江左岸)的陡崖脚,枯期内有细流延伸不远即下渗到砂卵石层中,洪水期洞内地下径流从溶洞出口直接排泄于涪江。

(2) 右 岸

地表、谷坡枯期均无水流，仅 PD14(5.2L/S)、K7 摸银洞内(0.05L/S)有地下径流，汛期时泉 5、PD14、K7 等三处有地下径流排泄于涪江。根据《坝区岩溶水文地质图》、长观地下水位资料，地下水等水位线存在三个洼槽带：

1) 上游洼槽带：位于 F5 断层带前可溶岩地层中，因地下水被 F5 断层破碎带组成的相对不透水层所阻隔，可溶岩中岩溶发育，地下水位较低，一般为 572～585 m，主要沿可溶岩层面向涪江排泄。

2) 摸银洞洼槽带：位于坝轴线附近，地表为 1＃溶沟，岩溶洞穴顶板 580～585 m，底板 570 m，地下水位均在 577 m 左右，形成右岸地下水低水位带，从摸银洞(K7)排泄于涪江；在孔 98 附近该地下水洼槽带呈“Y”字型分为二支，一支经孔 95 向岸坡内大窝凼岩溶洼地延伸，另一支向吴家坪岩溶洼地延伸，然后向灯笼沟 K501 落水洞方向收敛。

3) 水文站下游洼槽带：位于下游水文站背后 2＃溶沟内，地下水位低于 580 m，沟脑系大窝凼洼地，紧接灯笼沟地形分水岭垭口，地表冲沟顺岩层走向发育，地下有吹风洞(K99)略切岩层走向发育，洞内有两个溶潭，水位 582 m 左右。汛期洞内水位升高，并从泉 5 处溢出，推测为一常年高水位的地下水补给水源。

第3章 坝区岩溶特征

3.1 坝区岩溶分布范围及其形态类型

坝区处于F5～F11断层间D_2gn可溶岩地层中，受构造控制和地下水溶、侵蚀作用，岩溶主要发育于570～668.32 m。在610 m以上以落水洞为主，570～610 m主要为水平溶洞，次为暗河，570 m以下岩溶发育呈逐渐减弱趋势。坝区岩溶形态主要有溶蚀洼地、冲沟以及落水洞、溶洞、暗河、溶穴、溶蚀孔洞等(见图3-1)，主要地下岩溶形态类型见表3-1。

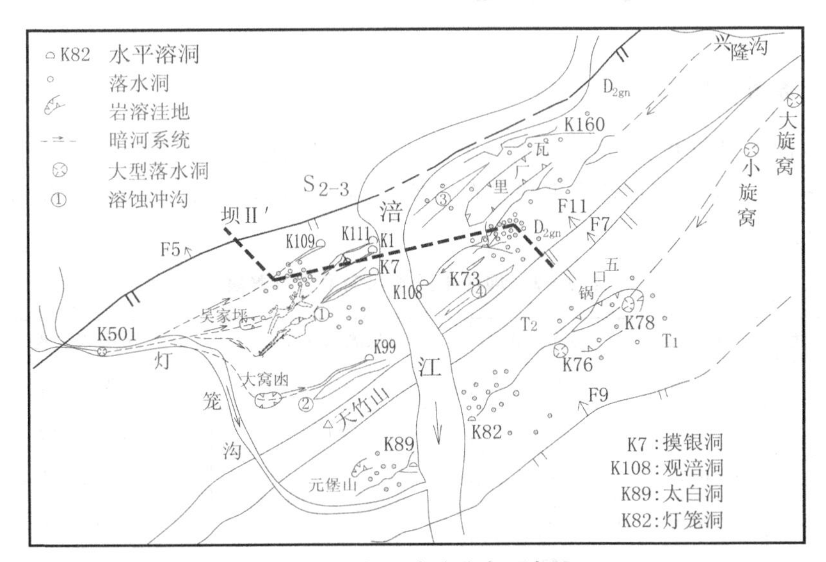

图3-1 坝区岩溶分布示意图

表3-1 坝区地下岩溶形态类型分布表

类　型	地　层	左岸(处)	右岸(处)	河床(处)	岩溶系统	
落水洞		38	13			
溶　洞		18	15			
平硐内溶洞		16	22			
钻孔揭示溶洞	D2	35	132	4	左岸 观涪洞	右岸 摸银洞
孔内<0.5 m的溶穴		14	51	2		
暗　河		1	1			
溶蚀晶孔		有	有	有		

3.2 坝区岩溶形态特征

3.2.1 地表岩溶形态

(1) 溶蚀洼地：长轴延伸方向与岩层走向一致，面积 200～600 m^2 不等，分布Ⅳ级阶地高程 635.2～661.50 m。瓦厂里发育有落水洞与下部观涪洞岩溶系统相通；大窝凼、吴家坪发育有落水洞与下部摸银洞岩溶系统相连。

(2) 溶蚀冲沟：两岸地表发育溶蚀冲沟 4 条，1＃、2＃冲沟分布右岸，3＃、4＃冲沟分布左岸。

3.2.2 地下岩溶形态

1. 落水洞

落水洞多呈斜井、窄缝管道状与下伏水平溶洞相连，洞径 0.5～5 m 不等，可探深度 3～40 m，洞内多数粘土夹块碎石充填，少数为砂、砾石充填(坝区主要落水洞见表 3－2)。

表 3－2　坝区主要落水洞发育位置表

位　置	编　号	分布高程	可探测深度/m	层位及岩性
右岸	K998	645.00	＞10	D_2^9 白云岩
	K57	633.18	＞1	D_2^5 白云岩
	K15	604.86	＞10	D_2^{5-5} 白云质灰岩
	K25	664.09	＞10	D_2^{5-1} 沥青质白云岩
左岸	K81	652.0	＞9	D_2^5 白云岩
	K83	654.2	＞23	
	K142	665	＞10	D_2^4 灰岩
	K146	669	40	
	K141	661.4	2.5	D_2^4 灰岩
	K140	661.64	24.2	
	K146	673.41	＞3	
	K144	680.63	＞1	D_2^2 微层泥灰岩

2. 溶　洞

溶洞大多顺岩层走向发育水平溶洞，洞底坡降为 1.8%～4.9%，坝区发育的主要溶洞及发育特征详见表 3－3～表 3－5。左岸以观涪洞(K108)为代表，主要水平溶洞为 K73、K108 及其七个支洞，面岩溶率为 4.87%，个别为倾斜溶洞(右岸 K109 坡降 67.5%)(见图 3－2)。右岸以摸银洞为代表，主要水平溶洞为 K7、K1、K111、96－K1、K99，面岩溶率为 3.48%(见图 3－3)。

表 3－3　坝区溶洞分类表

分类项目		地表所见溶洞	钻孔揭示溶洞
几何尺寸	大型：L＞6 m，H＞2～8 m，B＞3～10 m	K108、K7、K99、K160、K111、K73、PD11－K3、PD14－K3、K82、PD13K1、K89	孔 96K3、98K1、134K1、6、70K1K、134K1、52K1
	中型：L＜6 m，H＝1～2 m，B＝1～3 m	K25、K191、K11、K6、K158、K109、K101、K19、K2、K12、K16、K15、K9、PD11－K2	孔 55K1
	小型：L＜3 m，H＜1 m，B＜1.0 m	K3、K5、PD11－K6－10、PD12－K1－5、PD10－K1－5	孔 55K1－2－4
充填状态	无充填	K73	孔 125K1－2、122K1、96K1、91K1、61K1、武 ZK13K6
	半充填	PD11－K2、PD11－K2、PD12－K3－5、K108 支洞，K7、K111、K99	孔 96K3、60K1、91K2、98K2、武 ZK40K1～3
	全充填	PD11－K1、K3－10、PD12－K1－2	孔 71K1、129K1、ZK6K1－2、ZK7K1－2、122K2、ZK8K1、61K1、61K2、124K1、62K1－5、52K2
层次结构	单层	K5、K9	
	双层以上	K108、K99、K7、K1、K111	孔 134K1、91 K1、61K1、98K1、126K、武 ZK7K1
主要洞穴	左岸	K108、K73、K108－1－7 K81、K83	孔 52K1、70 K1、ZK6K1、武 ZK52K1
	右岸	K7、K99、K111、K1、K9、K5	孔 61K1、96K3、92K1、60K1、94K1、98K1、武 ZK43K1、武 ZK45K1
与河床关系	位于水上	K73、K160、K7、K108 大部、K9、K99	左岸：孔 70、129、ZK6、52 右岸：ZK7、ZK11、孔 122、124、98、95
	位于水下	K7 中部有 48 m 位于水面 572.0 m 以下 13 m，K108 中 3－5 号支洞部分位于水下	孔 62K4、97K2、武 ZK43K1、武 ZK45K1、武 ZK52K1

注：① L：长度，H：高度，B：宽度；② K108 七个支洞均为大型溶洞。

表 3-4 坝区主要溶洞发育特征

位置	名称	形式	发育高程/m	洞径/m	坝Ⅱ'线桩号	充填物
左岸	K_{108}	水平管道式溶洞	571.2～596	宽 1.5～2.4 高 10～18.1	0+058～0+064	砂卵石、崩塌块石
	K_{108-3}	水平管道式溶洞	579～603	宽 1.4～4.9 高 1.5～6.9	0+070 下游 24 m	崩塌块石、砂卵石、漂石
	K_{108-5}	斜管式溶洞	580～603	宽 2.1～4.8 深度 59.5	0+230～0+280	崩塌块石、卵漂石、粘土夹块碎石
	K_{108-7}	斜管式溶洞	581～628	宽 3.2～10 高 3.2～15	0+120 下游 45 m	粘土夹块碎石及崩塌块石
	K_{108}	溶蚀竖井	581～603	直径 6～8 深度>16	0+120 下游 35 m	洞底钙华胶结
右岸	K_{7}	水平管道式溶洞	579.66～616	宽 2～4 高 4～8	0+435～0+450	粘土、砂卵石、崩塌块石
	K_{111}	水平管道式溶洞	577.57～612	宽 1.5～3.5 高 2.3～7	0+498 上游 10 m	粘土、砂卵石、崩塌块石
	K_{9}	水平管道式溶洞	592.3～613	宽 1.5～2.0 高 0.5～1.5	0+432 上游 22 m	粘土、崩塌块石
	K_{1}	水平与斜管式溶洞	597.59～610	宽 1.3～3.5 高 0.5～6.5	0+480～0+445 上游 8～27 m	粘土夹块石、崩塌块石
	K_{5}	水平管道式溶洞	576.36～578	宽 1.5～2.0 高 1.5～2.0	0+471 坝线上	粘土
河床	孔$_{87}$	溶穴	566.85; 509.31	0.4;0.4		砂卵石
	孔$_{88}$	溶洞、溶穴	562.65;561.46; 548.43	3.05,0.28, 0.59		粘土夹砂卵石
	孔$_{78}$	溶洞	562.36	3.1		粘土夹砂卵石
	武 ZK26	溶洞	556.96;469.89	0.53;0.5		粘土夹砂卵石
备注		钻孔中溶洞、溶穴为铅直高度				

3. 溶蚀孔洞

溶蚀孔洞主要分布河床，475～550 m 以 3～5 mm 溶孔为主；463.79～475 m 发育 1～3 mm 溶孔为主，441.93～463.79 m 偶见裂面有溶蚀现象。

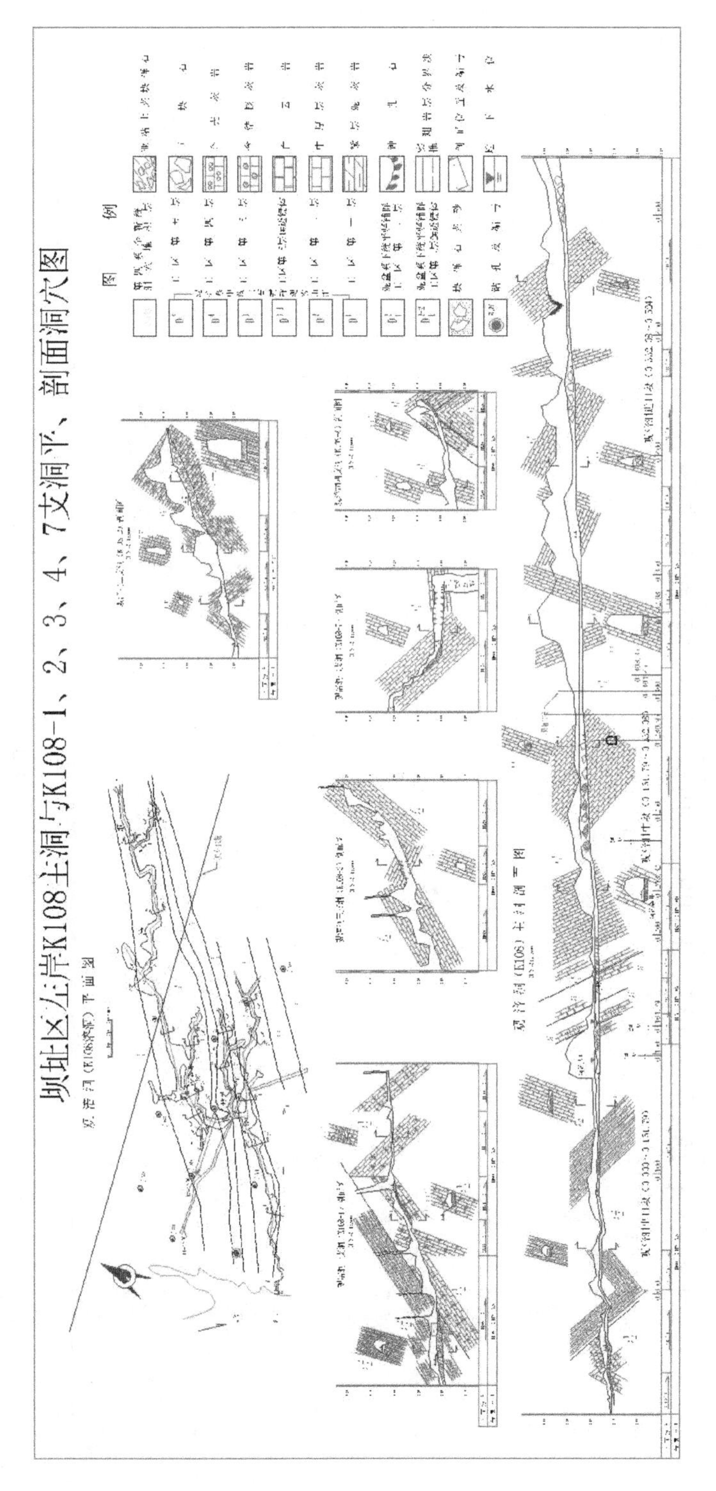

图3-2　K108及支洞展示图

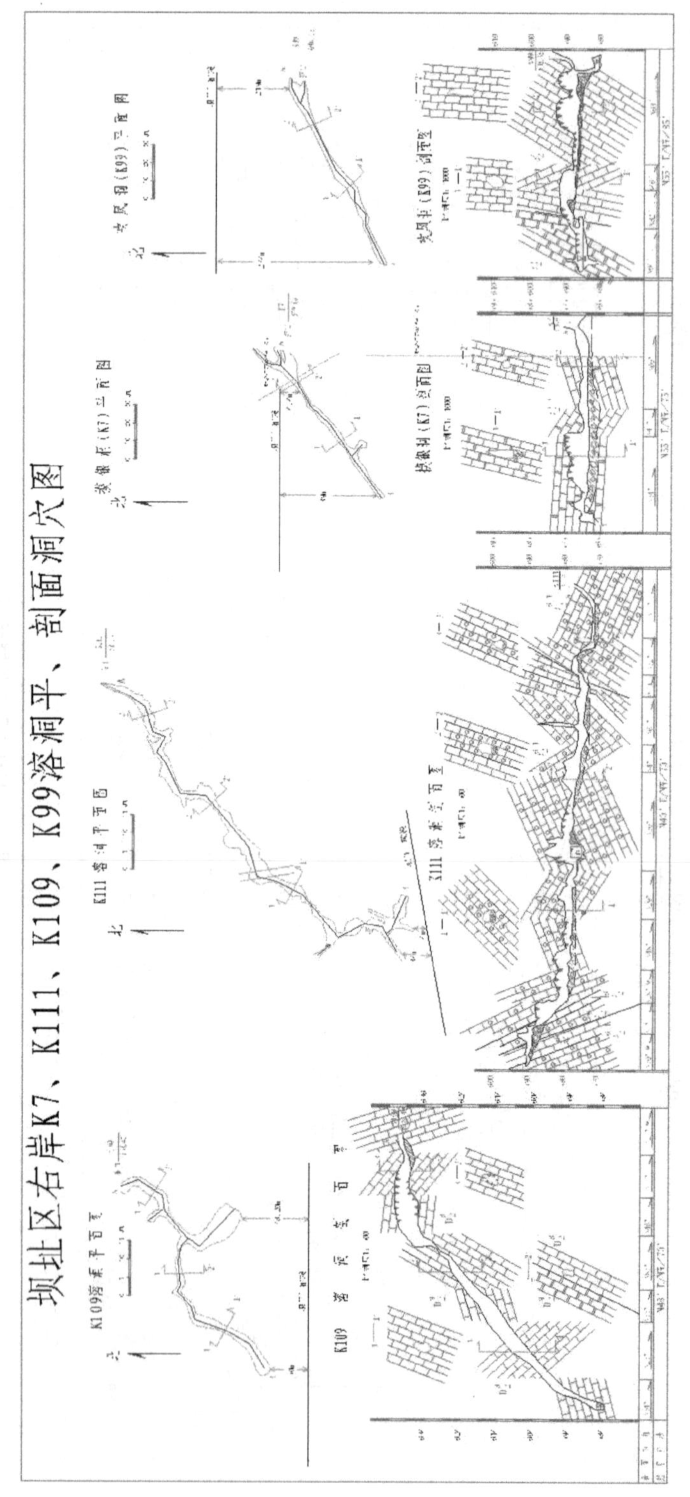

图3-3 右岸主要溶洞展示图

表3-5 观涪洞(K_{108})及支洞($K_{108-1\sim7}$)基本特征表

编号	分布高程/m	长度/m	宽/m	高/m	洞底坡降(°)	充填物	溶洞总体发育方向
K108	571～596	524	2～5	3～8	0～4.9	砂卵石、崩塌块石	N52°E
K108-1	573～610	158.4	1.5～4.0	2～10	1～16.6	粘土夹块碎石、崩塌块石	S40～78°W
K108-2	573～635	111.4	1～3.5	1.8～15	1～31	同K108-1	S35～82°W
K108-3	579～626	81.0	1.4～4.9	1.5～6.9	1～35.2	漂卵石、崩塌块石	S53～79°W
K108-4	594～610	58.0	1.5～2.0	1.2～3.5	1～35	粘土夹块碎石、崩塌块石	S35～79°W
K108-5	580～603	86.8	2.1～4.8	59.5	50～85	漂卵石、粘土夹块碎石、崩塌块石	S20°E
K108-6	593～630	29.5	1.0～3.5	4.0～9	0～35	粘土夹块碎石	S50～60°W
K108-7	581～628	75.3	3.2～10	3.2～15	0～55	粘土夹块碎石	N43～75°E

3.2.3 暗河系统

坝区暗河系统左、右岸各一条。左岸兴隆沟～观涪洞(K_{108}),全长3.5 km,观涪洞中暗河长1 063 m,可探暗河溶洞宽一般2～5 m,最宽15 m,洞高3～8 m,最高达37 m,断面不规则,时宽时窄,枯期流量0.8 L/S,汛期为6～8 L/S,地下水呈半透明状;右岸灯笼沟K_{501}落水洞～K_7摸银洞,总长1.35 km,人行洞长95 m,宽2～4 m,高4～8 m,常年流水,枯期流量5.2～6.8 L/S,水呈透明状,汛期时地下水稍浑浊,流量为17～21 L/S。

3.2.4 溶蚀带

溶蚀带沿岩溶发育部位呈顺层分布,有充填物,部分沿构造破碎带发育,多粘土充填,开挖范围发育15条溶蚀带,溶蚀带发育特征见表3-6。

表3-6 溶蚀带发育特征与位置表

位置或桩号	溶蚀带编号	长度/m	宽度/m	面积/m²	特征
左坝端	1#	60	1～3	180	发育在D_2^1与D_1^{2-2}接触带,灰岩中溶隙呈网格状发育,充填粘土夹块碎石、砾卵石

续表 3-6

位置或桩号	溶蚀带编号	长度/m	宽度/m	面积/m^2	特　征
左坝端	2#	70	1～2	140	发育在 D_2^1 与 D_2^2 接触带，落水洞、溶穴呈串珠状发育，充填粘土夹块碎石
左坝端	3#	30	0.3～1.2	36	沿 f21 破碎带发育溶蚀带，挤压带为褐黄色，两侧灰岩溶蚀严重，裂面多粘土充填
0－018～0－010	4#	35	2～3	75	发育在 D_2^3 与 D_2^{3-1} 接触带，落水洞、溶穴呈串珠状发育，洞壁粘土充填与钙化堆积
0－010～0－005	5#	60	1.5～2.5	150	发育在 D_2^3 与 D_2^4 接触带，多数层面溶蚀严重，溶穴中粘土充填与钙化堆积
0＋000～0＋100	6#	42～68	15～35	3850	发育在 D_2^4 顶部，浅层地表含介壳灰岩呈强风化，薄层灰岩呈囊状风化，溶穴（隙）呈网格状发育，落水洞充填粘土夹块碎石、少量砾卵石。局部段与 K108-3 支洞贯通
0＋047～0＋111	7#	5～40	1.3～2.5	100	发育在 D_2^{5-2} 灰岩层中，该带在 635m 高程以上为溶穴，粘土充填，以下溶蚀面为钙化堆积
0＋127～0＋246	8#	10～20	3～4	80	发育在 D_2^5 白云岩层中，620m 高程以上为溶穴，粘土充填，以下呈囊状风化或溶蚀面呈浅褐黄色
0＋530～0＋456	9#	50～75	5～12	900	追踪 F31 断层发育，粘土夹块碎石充填，与 K7 溶洞贯通
0＋600～0＋625	10#	35	1.2～2.5	87	发育在 D_2^7 与 D_2^{7-1} 接触带，643 m 高程以上为溶穴，粘土充填，以下溶蚀面为泥质物、钙化堆积，浅层地表局部为强风化岩石
0＋634～0＋664	11#	50	1.5～2	100	发育在 D_2^{7-2} 与 D_2^8 接触带，管道状落水洞发育，充填粘土夹块碎石，浅层地表局部为强风化岩石
0＋677～右坝端	12#	50	3～7	350	发育在 D_2^9 白云岩中，带内管道落水洞发育，粘土夹块碎石充填，岩体溶蚀面多溶隙发育
右坝端	13#	＞150	1.3～2.4	360	发育在与 F5 接触的 D_2^9 层顶部，白云岩中发育溶隙或斜井管道，粘土夹块碎石充填
左岸至河床	14#	左岸 90 m，河床 130 m	3～10	1320	发育在 D_2^5 与 D_2^4 接触带，左岸坡内沿接触带在 D_2^4 中，窄缝式洞穴发育，多粘土夹块碎石充填；河床坝基在 D_2^4 中发育溶洞，充填粘土、砂与砾卵石，岩体溶蚀面多溶穴（隙）发育充填粘土

续表 3-6

位置或桩号	溶蚀带编号	长度/m	宽度/m	面积/m^2	特　征
河床	15#	15～30	8～10	330	发育在 D_2^{5-2} 灰岩分布地段，该带内，发育于高程 553.60 m 以上溶洞（无充填）、溶穴（隙），充填粘土夹块碎石、砂与砾卵石

3.3 坝区岩溶发育基本规律

坝区涪江河段为裸露（或半裸露）补给型横向河谷，岩溶沿岩层走向发育，溶洞展布方向与岩层走向基本一致，岩溶发育强度在平面上主要受岩性控制，上游受志留系(S)页岩、粉砂质泥岩、下游受 D_1 组石英岩状砂岩、粉砂质泥岩等非可溶岩岩层隔离，坝区 D_2 组碳酸盐地层与上、下游可溶岩地层无水力联系，岩溶均发育在 D_2 岩组内，在断层附近（如 F_{31}）的可溶岩地层中岩溶也较发育。岩溶发育垂直分带明显，从地表至地下由溶蚀洼地、落水洞等垂直岩溶向水平溶洞、溶穴、溶孔转化；河床以下岩溶强度较两岸明显减弱，550 m 以上主要发育小于 0.5 m 的溶洞、溶穴；441.93～550 m 主要为溶孔及沿裂隙面的蜂窝状溶蚀现象，高程 441.93 m 以下溶蚀现象不明显。

3.3.1 岩溶化强度各异性

岩石物质组成不同，其岩溶化强度各异，石灰岩类可溶性大于白云岩类，白云岩类大于泥质灰岩类，岩溶调查结果表明：坝区可溶岩中发育的大型溶洞（K_{108}、K_7、K_{99}、K_{73}、K_{82}、K_{111}、K_{89}），主要分布在 D_2^4、D_2^6、D_2^8 层位之灰岩内，其次分布在 D_2^5、D_2^7、D_2^9 层位之白云岩中，D_2^3 层介壳灰岩及含结核质不纯的灰岩、D_1^{2-2} 泥质灰岩夹薄层灰岩，岩溶发育较弱。

3.3.2 岩溶发育方向性

据溶洞发育方向与构造优势方向统计比较，区内大型溶洞、落水洞的发育延伸方向与构造结构面方向基本趋于一致。溶洞发育方向与结构面走向玫瑰图相对比形状相似（见图 3-4）。

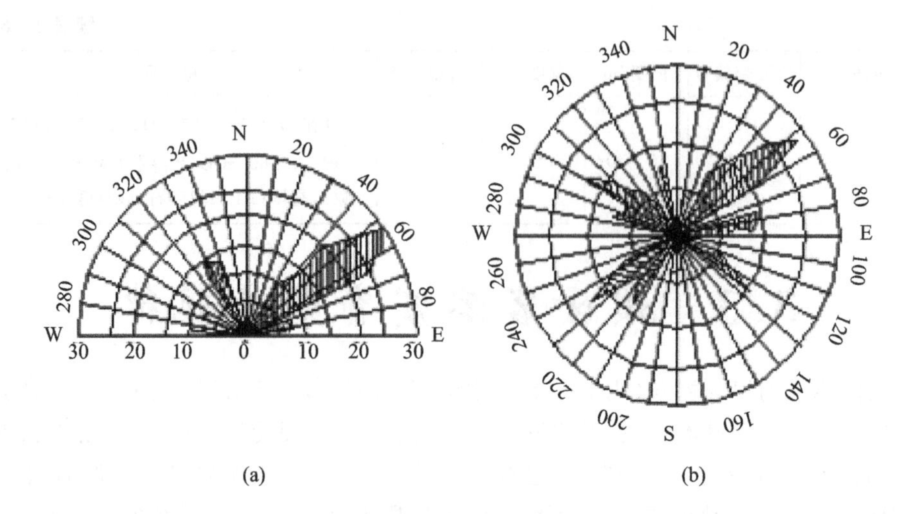

(a) 构造结构面走向玫瑰图:径向表示数量,以条为单位;环向表示方位,以度为单位。

(b) 岩溶走向玫瑰图:径向表示长度,以米为单位;环向表示方位,以度为单位。

图 3-4 结构面走向与岩溶走向玫瑰图

3.3.3 岩溶发育的多层性

区内溶洞发育底板高程同河流阶地基本一致,溶洞发育可分为三层,第一层 571～580 m(高出河水面 0～9 m),与Ⅰ级阶地阶面相对应;第二层 586～593 m(高出河水面 15～22 m),与Ⅱ级阶地阶面相对应;第三层 596～604 m(高出水面 25～33 m),与Ⅲ级阶地阶面相对应;海拔 650 m 以上的溶蚀洼地可与Ⅳ、Ⅳ级阶地阶面相对应;水下 558～570 m 所揭露的岩溶洞穴,因其位于枯期河水位以下的饱水带中,与Ⅰ级阶地侵蚀面相对应。

3.3.4 岩溶发育不均一性

区内为横向河谷,碳酸盐岩以陡倾角倾向河流上游,顺层地下水联系较好,岩溶则顺层发育较强烈。观涪洞发育在酸不溶物含量高的 D_2^2 微层泥灰岩旁侧,相对应微层泥灰岩透水性弱,起到局部隔水作用,限制了观涪洞的发育。质地不纯、透水性弱的 D_2^{6-1} 砾岩对 K_1、K_{111}、K_3、K_{11}、K_{81} 等溶洞的发育都起到了一定的限制作用。

3.3.5 岩溶发育与地下水化学成分相关性

通过对区内岩溶地下水中钙、镁离子元素含量对比分析,地下水 Ca 离子超溶指

数 R_B(离子当量比)的变化特点是:R_B 值愈大岩溶愈发育,一般灰岩中 R_B 大于1,白云岩中 R_B 小于1,大型溶洞中岩溶水 R_B 值较高,反映岩溶越强烈,如 K_7 岩溶水 $R_B=2.7$,K_{108} 岩溶水 $R_B=1.6$,K_{99} 岩溶水 $R_B=2$。

3.3.6 岩溶发育空间连通性

地下水运动路径分布在岩溶系统水平与垂直方向岩溶系统中,沿岩层走向运动为主,通过竖直溶蚀管道与水平溶洞排泄涪江。因此坝区610 m高程以上发育的落水洞分别与下伏K108水平溶洞、K108-1～7支洞或斜管式溶洞呈溶井、溶管、溶缝、溶穴(隙)相通。

左岸发育K108岩溶系统:地表落水洞在1#坝段顺层分布向下发育与K108-1、2岩溶支洞连通;在2#～7#坝段顺层分布向下发育与K108岩溶主洞、K108-3、5、7岩溶支洞连通。

右岸发育K7岩溶系统:在19#～25#坝段坝基岩体中,K7、K1、K111、96-K1、K3等水平洞穴之间的连通性好,垂直方向上与落水洞溶蚀管道连接,水平方向与岩体中溶隙或隐伏溶蚀管道连通;在25#～30#坝段坝地表落水洞沿岩层走向发育与K501～96-K1～K109及K501～96-K1～K99连通。

3.3.7 岩溶发育强度分带

坝区左、右岸分别以观涪洞(K_{108})、摸银洞(K_7)为代表,存在两大岩溶管道系统。其形成主要以竖直岩溶管道与水平溶洞相接为主,并与大、小不等的溶穴(隙)相通。同时,由于竖直岩溶管道和水平溶洞的形成与地壳呈间歇性上升有关,因此形成岩溶系统的多层次结构。垂直方向上根据《岩溶发育强度分带示意图》(图3-5),按分布高程、岩溶发育规模大小、有无充填物、连通性及岩溶形态等几方面,将坝区岩溶发育强度分为四个岩溶发育程度等级带。岩溶垂直分带反映了从上至下岩溶发育强度的总体减弱,河床部分高程441.93 m以下溶蚀现象不明显的总体规律。

第一带:中等发育带

分布高程610～680 m,线岩溶率5.28～7.58%。带内岩溶发育情况:① 竖直管道型未充填的落水洞(如 K_{81}、$孔_{52\text{-}K1}$、$孔_{91\text{-}K1}$)、溶洞内的支洞(如 $K_{108\text{-}2}$、$K_{108\text{-}7}$ 支洞)、约呈斜井状竖直管道的溶洞(如 K_{109}),可探深度25～45 m;② 充填型的竖直管道、溶洞,洞径2～10 m为主,少数洞高为15 m左右,极少数(约10%)未被粘土夹砾卵石充填。

第二带:强发育带

分布高程570～610 m(左岸)、551～610 m(右岸),线岩溶率19.43～27.82%,

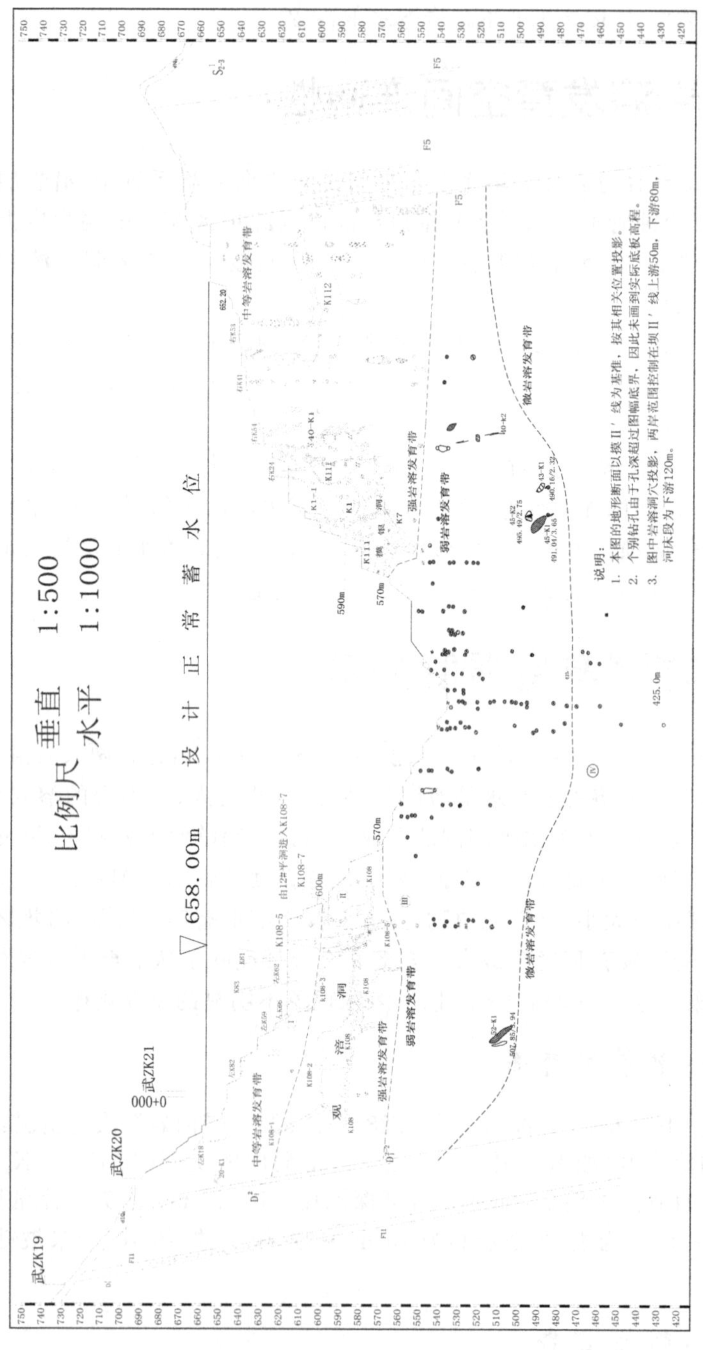

图3-5 岩溶发育强度分带图

带内以发育大型水平溶洞为主。左岸以 K_{108} 观涪洞为主(含 7 个支洞在内的范围所发育的溶洞、落水洞顶部被充填的落水洞等),仅 K_{160}～K_{160-1}、K_{166}～K_{166-12} 为坝址上游的独立岩溶分支系统。右岸以 K_7 摸银洞为主,主要与钻孔内揭示的全充填～半充填溶洞相连接,其次与 0.5～2.0 m 高度未充填溶穴相通,再与第一带内岩溶衔接构成了摸银洞岩溶系统;平面分布范围是:坝区 F_5 与 F_{11} 断裂带之间,右岸至灯笼沟 K_{501} 落水洞。

第三带:弱发育带

分布高程 475～570 m,线岩溶率为 2.3～4.99%。带内高程 550 m 以上以发育小于 0.5 m 的溶洞为主,其次为直径 2～5 mm 的溶孔(发育分布高程 550 m 以下)。该带内岩溶发育趋势是,随深度的增加,岩溶发育逐渐减弱,但局部地段存在大于 2.0 m 的溶洞。

第四带:微发育带

分布于高程 475 m 以下,带内特征以发育少量溶孔(1～3 mm)和裂面多呈蜂窝状溶蚀现象为主。463.79～441.93 m 高程以下仅见裂面有溶蚀现象。高程 441.93 m(武 ZK26)以下溶蚀现象不明显。

3.4 坝基岩溶发育特征

3.4.1 河床坝基

河床 13# ～18# 坝段长 125 m,坝基最大宽度 122 m,持力层为 D_2^5 白云岩和 D_2^4 灰岩,属弱溶蚀型地基,岩溶发育总体特征是随深度增加岩溶发育逐渐减弱,441.93～463.79 m 偶见裂面有溶蚀现象,441.93 m 以下溶蚀现象不明显。

1. 岩溶洞穴

河床坝基 550 m 以上以发育小于 0.5 m 高的溶洞为主,个别高 3.05～3.25 m,线岩溶率为 2.3～4.99%;475～550 m 发育溶孔及溶蚀裂隙;河床坝基溶洞分布高程及位置详见表 3－7。

2. 溶蚀孔洞

河床坝基 463.79～475 m 以发育 1～3 mm 溶孔为主,在 D_2^4 与 D_2^5 层界面处溶蚀孔洞发育面溶蚀率平均值 1.51%＞D_2^5 白云岩的面溶蚀率为 0.41%,建基面以下溶孔最低分布高程为 463.79 m,最低深度为 77.21 和 81.1 m。溶蚀孔洞发育下限与面溶蚀率发育特征见表3-8。

表3-7 河床坝基岩溶洞穴发育部位表

坝段	桩号	D_2^5层白云岩分布区				D_2^4层灰岩分布区			
		编号	底高程/m	洞高/m	分布位置	编号	底高程/m	洞高/m	分布位置
13#	0+275~0+289.5	JK15-K4	556.52	1.08	坝轴线下游93 m偏左岸	JK15-K1	520.7	1.61	坝轴线下游93 m
		JK15-K3	555.8	0.31		JK15-K2	522.7	0.2	
14#	0+289.5~0+304	孔115-K2	552.85	0.2	坝轴线上游2.06 m偏左	孔88-K1	562.65	3.05	坝轴线下游123 m偏左岸
		孔115-K1	552.7	0.04		孔72-K1	559.48	3.25	
15#	0+304~0+330					孔110-K2	561.46	0.28	坝轴线下游130 m偏左岸
						孔110-K1	548.43	0.59	
16#	0+330~0+352					武ZK 26-K1	556.96	0.53	坝轴线下游109 m河床
18#	0+378~0+400	JK25-K2	548.25	0.62	坝轴线下游5~13 m偏右岸				
		JK25-K1	547.95	0.30					
		孔78-K1	562.36	3.1					

表3-8 河床溶蚀孔洞发育特征表

坝段	孔号	孔口高程/m	孔底高程/m	溶孔下限高程/m	溶孔发育/段	发育层位	面岩溶率/%
13#	JK15	574	508.94	520.00	6	D_2^5、D_2^4	4.74
14#	JK16	572.90	471.80	471.90	19	D_2^5	0.7
	JK17	572.86	501.59	504.86	22		0.3
15#	JK18	572.15	497.88	509.65	5		0.26
	JK19	573.00	501.46	555.12	8	D_2^5、D_2^4	0.47
	JK20	573.12	471.94	489.07	7	D_2^5	0.15
16#	JK21	570.59	504.95	531.49	3		0.25
	JK22	570.09	469.00	526.09	20	D_2^5、D_2^4	0.5
17#	JK23	570.78	489.38	492.28	5	D_2^5	0.53
	JK24	569.00	497.45	497.45	16		0.22
18#	JK25	573.35	472.17	503.35	2		0.8
	JK26	575.40	474.16	493.17	19	D_2^5、D_2^4	0.32

3. 溶蚀带

河床坝基 13# ～17# 坝段岩体中发育 4 条溶蚀带，其特征如下：

14# Rsd：发育在 D_2^5 与 D_2^4 接触带，带内多粘土充填于岩层面或裂隙面中，溶蚀面多发育溶穴(隙)，充填夹泥或泥膜。斜跨 13# ～15# 坝段，长 106 m，宽 3～5 m。

15# Rsd：组成物质为褐黄色溶蚀风化岩体，大部坝基沿岩层面、构造结构面产生溶蚀风化，溶蚀面具张开度，充填粘土，局部 1～3 m 范围的岩体溶蚀风化严重，锤击易粉碎呈碎屑状。

16# Rsd：带内岩层面或裂隙面多充填泥质物，局部厚 2～5 cm。分布 13# ～15# 坝段，于 558.98 m 顺层斜跨坝基，长 25 m，宽 1～2 m。

17# Rsd：带内错动带为角砾岩，溶蚀风化严重，带内岩体结构面发育，多泥质物充填，特别是缓倾角结构面中充填泥质物厚 1～2 cm，分布于 17# 坝段中部，于 548 m 顺层斜跨坝基，长 13 m，宽 6 m。

4. 隐伏溶蚀带

河床坝基岩体中发育隐伏溶蚀带(YfRsd)共计 38 处，部分隐伏溶蚀带可与开挖揭示的溶蚀带相对应，如 YfRsd 8、14、15＝14＃Rsd、YfRsd 6、7＝15＃Rsd、YfRsd23＝9＃Rsd。溶蚀带内组成物质极不均匀，在局部岩石破碎、泥质物多的地段，变形模量值低；局部岩体溶蚀风化、裂隙切割程度较低的地段，岩体完整性差，主要的隐伏溶蚀带(YfRsd)特征见表 3－9。

3.4.2 左岸坝基

1. 水平溶洞

左岸坝基中发育大型水平溶洞 K108 与发育在主洞水流方向左侧的 K108－1、2、3、7，右侧 K108－4、5、6 七个支洞组成一水平岩溶管道系统。地表或坝基中发育于 D23－1 底部至 D23、D21、D12 等层位的洞穴与 K108－1、2 支洞存在水力联系；发育于 D23－1 顶部至 D24 层、D25 与 D24 界面的洞穴与 K108、K108－3 支洞存在水力联系；发育于坝基内 D25 层的洞穴与 K108、K108－5 支洞存在水力联系，K_{108-5} 洞端发育至建基面与左 K_{20}、左 K_{21}、K_{22}、K_{10} 等落水洞相接。左岸水平溶洞与坝基平面关系见表 3－10。

表 3-9 河床坝基隐伏溶蚀带特征表

CT 剖面	层 位	隐伏溶蚀带发育位置		隐伏溶蚀带面积/m^2	隐伏溶蚀带编号	开挖校核	地震波 CT 波速 m/s
		起～止桩号	高程/m				
JK13～JK20	D25	0+261.07～0+326.80	538～547.3	75	YfRsd 2、3、4		1 500～2 500
JK14～JK15		0+270.20～0+285.45	520～513	20	YfRsd 5		
JK14～JK17		0+270.20～0+270.20	543～553	20	YfRsd 6、7	15#Rsd	
JK15～JK19	D24 与 D25 接触带	0+285.45～0+305.29	545～564	25	YfRsd 8	14#Rsd	
JK17～JK20	D25	0+294.85～0+326.80	533.8～517.9	9	YfRsd 11		
JK18～JK20		0+317.00～0+326.80	597.6～502.8	10	YfRsd 12		
JK19～JK20	D24 与 D25 接触带	0+305.29～0+326.80	534～550	40	YfRsd14、15	14#Rsd	
JK19～JK22		0+305.29～0+344.78	506～498	21	YfRsd17、16		
JK20～JK24	D25	0+326.80～0+363.79	504～525.5	10	YfRsd38		
JK21～JK24		0+326.80～0+363.79	539～546.2	6.5	YfRsd19		
JK25～JK27	D25-4	0+397.00～0+419.90	543～569	19	YfRsd23	9#Rsd	
JK22～JK26	D24 与 D25 接触带	0+305.29～0+385.84	496～548	11	YfRsd25		
JK24～JK26		0+363.79～0+385.84	517.9～553.2	8	YfRsd 35、36		

表 3-10　左岸 K108 溶洞及支洞与建基面关系表

坝段建基高程	位　置	编　号	洞底板高程/m	溶洞高度/m	溶洞形态	溶洞以上岩体厚度/m	坝基落水洞与溶洞连通性	评　价
543.14～617.0	3#～7#坝段基坑中下部	K108	580～583	2.5～20	厅堂与窄缝式组合	17～56.86	5#坝段左 K60、左 K61、左 K62 落水洞与其相通	地基坚固性差，存在集中渗漏的岩溶管道
635.04～620	4#～5#坝段下游侧坝基	K108—3	579～626	1.5～6.9	斜管状窄缝式	0～15	左 K54、左 K57、左 K64、左 K66 与其洞尾相通	
617～600	6#～8#坝段下游边坡	K108—7	581～628	3.2～15		19～38	左 K6、左 K9、左 K7、左 K5 落水洞与其相接	地基完整性差，存在集中渗漏的岩溶管道
635.04～620	4#～5#坝段下游边坡	K108—2	573～635	1.8～15		5～20	左 K68、K83 落水洞与其相通	
617～625	6#～7#坝段坝基	K108—5	582～617		竖直管道	已发育至 620 m、625 m 建基面	左 K22、左 K21、左 K20、左 K100 落水洞与其相接	

2. 落水洞

左岸坝区揭示落水洞 59 处，发育在地表、坝基等部位落水洞分别与坝基下伏水平溶洞连通，部分落水洞串连于左岸 623 m 灌浆平洞局部洞顶及两侧墙，并继续向下延伸，岩溶洞穴发育连通性好，其发育部位与连通关系见表 3-11。

表 3-11　左岸坝基落水洞发育部位与连通关系表

坝段	编　号	高程/m	长×宽/m	洞口形状	推测深度/m	岩石名称与层位	推测落水洞与隐伏溶洞的连通性
1#	左 K85	650.0	0.7×0.3	窄缝溶管状	70	白云岩 D23-1	与 K108 相连
2#	左 K82	642.0	3×2	溶管状	68	白云岩 D23-1	与 K108 相连
	左 K98	646.4	2.5×1	溶管状	90	灰岩 D_2^4	与 K108 相连
	左 K97	642.10	1.0×0.3	窄缝长条形	85	灰岩与介壳灰岩 D_2^3、D_2^{4-1}	与 K108 相连

续表 3-11

坝段	编号	高程/m	长×宽/m	洞口形状	推测深度/m	岩石名称与层位	推测落水洞与隐伏溶洞的连通性
3#	左K56	641.95	4×2.5	窄缝长条形	65	灰岩 D_2^4	与K108、K108-3相连
	左K96	639.6	0.9×0.4	溶管状	70		
	左K96-1	639	0.4×0.2	溶管状	70		
	左K96-2	639.1	0.5×0.3	溶管状	80	介壳灰岩 D_2^{4-1}	
	左K96-3	639.2	0.7×0.3	溶管状	80		
	左K101	635.1	1.2×0.3	窄缝长条形	65		
4#	左K67	634.1	8×0.4～0.7	窄缝长条状	62	灰岩、白云岩 D_2^5、D_2^4	与K108、K108-3相连，左K50(647.41 m)与左K59为同一落水洞，但左K50位于上游边坡中
	左K59	633	10×0.4～1	窄缝长条状	62		
	左K52	633.1	5×0.3	溶管状	50	灰岩 D_2^4	
	左K51	627.3	0.8×0.3	溶管状	55	白云岩 D_2^5	
	左K99	626.3	1×0.3	溶管状	55		
	左K66	625.8	18×1～2	溶管状，两洞连成一片	55	灰岩与泥质介壳灰岩 D_2^4、D_2^{4-1}	
	左K64	623.6			46		
5#	左K60	620.1	0.9×0.6	溶管状	40	白云岩 D_2	与K108、K108-3相连
	左K61	623.3	0.6×0.5	溶管状	42	灰岩 D_2^{5-2}	
	左K62	623.2	0.7×0.3	溶穴	40	D_2^5 白云岩	
	左K63	623.6	1×0.4	溶穴	45		
	左K65	624	0.6×0.5	溶穴	46		
6#	左K20	623.1	0.5×0.2	溶管状	45	D_2^5 白云岩	与K108-5相连
	左K75	620	0.7×0.3	溶管状	42		
7#	左K21	620.5	0.7×0.3	溶管状	48	D_2^5 白云岩	与K108-5相连
	左K22	620.3	0.5×0.3	溶管状	44		
	左K73	621.80	0.5×0.2	溶管状	41		
	左K74	620.10	1×0.3	溶管状	48	D_2^{5-3}、结核白云岩	
	左K100	623.60	2.5×0.7	溶管状	43	D_2^5 白云岩	

续表 3-11

坝段	编　号	高程/m	长×宽/m	洞口形状	推测深度/m	岩石名称与层位	推测落水洞与隐伏溶洞的连通性
8#	左 K2	616.80	0.5×0.3	窄缝溶穴形	54	D_2^5 白云岩	与 K108、K108-5 相连
	左 K77	619.80	3.5×0.7		40		
	左 K78	620.10	2.5×1		42		
	左 K79	616.70	1.0×0.3		49		
	左 K80	610.00	1.2×0.3		57		
	左 K81	610.00	1.2×0.4		46		

3. 溶蚀带

溶蚀带发育特点：(1) 主要沿岩溶发育部位呈顺层分布，部分溶蚀带沿构造破碎带发育；(2) 带内多粘土、粘土夹块碎石充填。坝基开挖范围左岸发育 8 条溶蚀带，溶蚀带发育特征见表 3-12。

表 3-12　左岸溶蚀带发育特征与位置表

位置或桩号	编　号	长度/m	宽度/m	特　征
左坝端	1# Rsd	60	1～3	发育在 D_2^1 与 D_1^{2-2} 接触带，灰岩中溶隙呈网格状发育，充填粘土夹块碎石、砾卵石
	2# Rsd	70	1～2	发育在 D_2^1 与 D_2^2 接触带，落水洞、溶穴呈串珠状发育，充填粘土夹块碎石
	3# Rsd	30	0.3～1.2	沿 f21 破碎带发育溶蚀带，挤压带为褐黄色，两侧灰岩溶蚀严重，裂面多粘土充填
0－018～0－010	4# Rsd	35	2～3	发育在 D_2^3 与 D_2^{3-1} 接触带，落水洞、溶穴呈串珠状发育，洞壁粘土充填与钙化堆积
0－010～0－005	5# Rsd	60	1.5～2.5	发育在 D_2^3 与 D_2^4 接触带，多数层面溶蚀严重，溶穴中粘土充填与钙化堆积
0＋000～0＋080	6# Rsd	42	1～10	发育 D24 顶或中部、D25 与 D24 界面，带内发育呈串珠状顺层分布的落水洞，充填泥质物
0＋047～0＋111	7# Rsd	5、40	1.3～2.5	发育在 D_2^{5-2} 灰岩层中，该带在 635 m 高程以上为溶穴，粘土充填，以下溶蚀面为钙化堆积
0＋127～0＋246	8# Rsd	10、20	3～4	发育在 D_2^5 白云岩层中，620 m 高程以上为溶穴，粘土充填，以下呈囊状风化或溶蚀面呈浅褐黄色

4. 隐伏洞穴

根据其发育部位和地表、地下水平岩溶洞穴的层位、岩性以及结构面发育关系等分析，隐伏洞穴是地表落水洞向下发育延伸的溶蚀管道，或是水平溶洞的一部分。左岸建基面以下的隐伏岩溶洞穴分布特征见表 3－13。

表 3－13 左岸 1～12＃坝段隐伏洞穴分布特征表

坝 段	孔号/编号/下限高程/高度 m(充填物)	备 注
2＃	武 ZK21/ K4/578.9/0.8；K3/573.4/1.1；K2/646.47/1.11；K1/648.24/0.42(K1、K2 两洞穴全充填粘土、粘土夹块碎石)	隐伏洞穴与坝基外 K108－1、2、3 有水力联系
3＃	JK2/ K2/622.25/12.2；JK2/K1/635.65/1.9(两洞穴充填粘土、粘土夹块碎石)；武 ZK52/K5/640.97/1.05(无充填)；K4/635.17/1.1(半充填粘土、粘土夹块碎石)；K3/633.02/1.3(半充填粘土、粘土夹块碎石)；K2/629.57/1.73(半充填粘土夹砾卵石)；K1/507.85/3.94 (半充填含泥砾卵石)	
4＃	JK3/K2/621.86/2.8；JK3/K1/616.6/3.3(两洞穴半充填粘土夹砾卵石)坝基下 580～580 m 高程 K108 溶洞高度 2～10 m	
5＃	武 ZK38/K2/578.33/2.18(半充填粘土、粘土夹块碎石)；武 ZK38/K1/577.05/1.03(两洞穴半充填粘土夹砾卵石)；JK4/K1/584.86/7.8(半充填粘土、粘土夹块碎石)；JK4/K2/607.76/0.4(半充填粘土夹砾卵石)；JK4－1/K1/586.77/8.25(半充填粘土夹砾卵石，该洞穴为 K108 主洞)；JK4－1/K2/610.52/3.2(半充填粘土、粘土夹块碎石)	与 K108 有水力联系。K108 溶洞高度 8～15 m，水平方向呈“环状”
6＃	JK5/K4/598.85/1.95；JK5/K2/ 581.83/4.87(两洞穴半充填粘土、粘土夹块碎石)；JK5/K3/588.65/0.83(半充填粘土夹砾卵石)；K1/579.75/0.95(半充填含泥砾卵石)；PD20－K4(为 0.7 m 宽度的溶穴)	
7＃	JK6/K5/611.24/9.1；JK6/K4/604.42/3.27(两洞穴全充填粘土、粘土夹块碎石)；JK6/K3/602.19/1.76(全充填粘土夹砾卵石)；K2/600.89/0.95 (全充填含泥砾卵石)；K1/594.34/4.57(全充填粘土夹砾卵石)；JK7/K1/582.015/0.51(全充填粘土、粘土夹块碎石)；K2/595.36/0.45(全充填粘土夹砾卵石)；JK8/K1/613.91/12.17(半充填粘土、粘土夹块碎石)	与 K108－5 有水力联系，即 K108 垂直方向与隐伏洞穴、PD20 － K2、3 及 PD18－K1 相通，延伸于地表
8＃	孔 68/K2/625.29/2.23(半充填粘土夹砾卵石)；K1/597.21/0.74(半充填含泥砾卵石)	
9＃	Zk5/K1/523.06/0.16；K2/531.16/0.03(两洞穴半充填粘土夹砾卵石)	隐伏洞穴与 K108 溶洞的局部岩溶分支系统有水力联系
10＃	孔 79/K5/606.27/0.15(无充填)；K4/601.22/0.1(半充填粘土、粘土夹块碎石)；K3/599.92/0.4；K2/597.83/0.2(半充填粘土、粘土夹块碎石)；K1/560.43/0.2(半充填粘土夹砾卵石)	
11＃	SJ1－K2、3、4/554.5(全充填粘土夹砾卵石)	
12＃	JK13/K2/554.7/0.7；K1/549.89/0.9(两洞穴全充填粘土夹砾卵石)SJ1－K1/554.5 和 K1/553.37/13.4(半充填粘土夹砾卵石)	

3.4.3　右岸坝基

1. 水平溶洞

右岸发育K7、K1、K111、96－K1、K99水平溶洞和K109倾斜溶洞等组成的岩溶系统，主体K7、K111、96－K1底板570.35～573.50 m，其平面关系：K7～96－K1为一条线沿D25－5白云质灰岩发育；而K111则发育在D26层顶并位于K7溶洞上游约26 m，与K7～96－K1溶洞通过溶隙呈斜交；K1属以竖直管道与K7、K111连通的第二层水平洞穴，分布高程590.55～603.6 m，发育在D26层顶部、D26与D25－5界面处，在桩号0＋500处向SW方向发育K1－2支洞；桩号0＋530以后一支为主洞，另一支为K1－1支洞；K109发育右岸坝线上游50～80 m处D28、D27岩层内，与发育在28＃～30＃坝段地表落水洞存在水力联系。右岸19＃～26＃坝段内落水洞与主体K7、K1、K111、96－K1有连通关系；右岸主要水平溶洞与坝基关系见表3－14。

表3－14　右岸K7、K1等主要溶洞与建基面关系表

建基高程/m	位　置	溶洞与坝轴线距离/m	溶洞编号	洞底板高程/m	溶洞高度/m	溶洞形态	洞顶岩体厚度/m	坝基落水洞与溶洞连通性	备注
563～619	21＃～23＃坝段坝基下伏	轴线下游4.4～39	K7	573.50～579.66	4～8	窄缝型	3.2～27.5	右K26、58与96－K1连通	右岸岩溶系统主体部分
563～635.3	21＃～26＃坝段坝基下伏	轴线下游0～10	K1	590.55～603.60	5～8		0～3	右K20与其连通	
603.2～635.3	23＃～26＃坝段坝基下伏	轴线下游5～24	K1－1	596～621	0.5～1.0		2～5	右K24与其连通	
603.2～619	23＃～24＃坝段坝基下伏	轴线下游5～20	K1－2	596～618	0.5～0.8		2～3	右K42与其连通	
619～641.55	25＃～28＃坝段	轴线下游右岸坡77～83	96－K1	570.35	10～18	厅堂式	29	ZK8－1、61－K1、97－K1洞穴与其连通	
559～619	19＃～23＃坝段	坝轴线上游4.2～39	K111	573～590	2～4	窄缝型	20～30	与K999、K1、K7、右K33连通	

2. 落水洞

右岸坝基中揭示落水洞64处，主要分布22＃～30＃坝段。20＃坝段在573.6 m发育溶管形落水洞（0.3×0.3 m，编号为右K60），落水洞沿倾向SE的结构面发育，深度大于 10 m，分布于 D_2^{5-5} 白云质灰岩中；21＃坝段在基坑下游西侧 580 m 处，右 K60 向岸坡内延伸发育为编号右 K60－1；23＃坝段坝基下游在 602.9 m 处发育窄缝长条形落水洞（1.2×0.7 m，编号为右 K56），深度大于 36 m，分布于 D_2^{5-5} 层白云质灰岩中。坝基发育落水洞统计见表 3－15。

表 3－15 右岸坝基落水洞发育部位与连通关系表

<table>
<tr><th>坝 段</th><th>编 号</th><th>高程/m</th><th>长×宽/m</th><th>洞口形状</th><th>推测发育深度/m</th><th>岩石名称与层位</th><th>推测落水洞与隐伏溶洞的连通关系</th></tr>
<tr><td rowspan="10">22＃</td><td>右 K55</td><td>605.0</td><td>1.3×1</td><td rowspan="2">窄缝形</td><td>＞30</td><td>D_2^{6-1} 角砾状灰岩</td><td>与 K1 相连</td></tr>
<tr><td>右 K3</td><td>586.1</td><td>1.2×0.7</td><td>＞56</td><td rowspan="9">D_2^{5-5} 白云质灰岩</td><td rowspan="9">与 K7 相连</td></tr>
<tr><td>右 K59</td><td>584.9</td><td>1.5×0.7</td><td rowspan="8">溶管形</td><td rowspan="2">＞15</td></tr>
<tr><td>右 K59－1</td><td>585</td><td>0.3×0.2</td></tr>
<tr><td>右 K26</td><td>595</td><td>0.5×0.3</td><td rowspan="2">＞34</td></tr>
<tr><td>右 K26－1</td><td>595</td><td>0.3×0.2</td></tr>
<tr><td>右 K57</td><td>605.5</td><td>0.3×0.2</td><td>＞35</td></tr>
<tr><td>右 K58</td><td>586.40</td><td>0.6×0.5</td><td rowspan="3">＞50</td></tr>
<tr><td>右 K58－1</td><td>584.3</td><td>0.3×0.2</td></tr>
<tr><td>右 K58－2</td><td>585.5</td><td>0.3×0.2</td></tr>
<tr><td rowspan="3">24＃</td><td>右 K68</td><td>618.10</td><td>0.7×0.3</td><td>溶管形</td><td>＞43</td><td>D_2^{6} 灰岩</td><td rowspan="11">与 K1－1、K1－2 相通，向下再连接 K7</td></tr>
<tr><td>右 K24</td><td>618.20</td><td>1.5×1</td><td rowspan="2">窄缝溶管形</td><td>＞43</td><td>D_2^{6-1} 角砾状灰岩</td></tr>
<tr><td>右 K25</td><td>617.40</td><td>1.0×0.5</td><td>＞42</td><td>D_2^{6} 灰岩</td></tr>
<tr><td rowspan="8">25＃</td><td>右 K67</td><td>629.7</td><td>4×0.8</td><td rowspan="2">窄缝溶管形</td><td></td><td rowspan="8">灰岩、角砾状灰岩 D_2^{6-4}、D_2^{6}</td></tr>
<tr><td>右 K67－1</td><td>629.5</td><td>3.0×1.0</td><td></td></tr>
<tr><td>右 K67－2</td><td>630</td><td>0.3×0.3</td><td rowspan="3">溶管形</td><td></td></tr>
<tr><td>右 K54</td><td>636.0</td><td>0.5×0.2</td><td></td></tr>
<tr><td>右 K54－1</td><td>635.8</td><td>0.4×0.2</td><td></td></tr>
<tr><td>右 K20</td><td>633.1</td><td>2.3×0.4</td><td>窄缝溶管形</td><td></td></tr>
<tr><td>右 K20－1</td><td>632</td><td>0.4×0.2</td><td rowspan="2">溶管形</td><td></td></tr>
<tr><td>右 K 20－2</td><td>630</td><td>0.7×0.3</td><td></td></tr>
</table>

续表 3-15

<table>
<tr><th>坝　段</th><th>编　号</th><th>高程/m</th><th>长×宽/m</th><th>洞口形状</th><th>推测发育深度/m</th><th>岩石名称与层位</th><th>推测落水洞与隐伏溶洞的连通关系</th></tr>
<tr><td rowspan="9">26#</td><td>右 K33</td><td>637.9</td><td>3.2×0.3～1</td><td rowspan="2">窄缝溶管形</td><td rowspan="3">>67</td><td rowspan="3">D_2^7 白云岩</td><td rowspan="9">与 K1、K1-1 相连，向下再连接 K111 或导-K4</td></tr>
<tr><td>右 K33-1</td><td>638</td><td>3.1×0.3～1</td></tr>
<tr><td>右 K33-2</td><td>638.2</td><td>0.4×0.3</td><td>溶管形</td></tr>
<tr><td>右 K65</td><td>637.3</td><td>5.5×0.6</td><td rowspan="2">窄缝长条形</td><td rowspan="3">>69</td><td rowspan="5">D_2^{6-2} 白云质灰岩</td></tr>
<tr><td>右 K65-1</td><td>637.2</td><td>2.1×0.4</td></tr>
<tr><td>右 K65-2</td><td>637.1</td><td>0.3×0.2</td><td rowspan="3">溶管形</td></tr>
<tr><td>右 K65-3</td><td>636.0</td><td>0.3×0.2</td><td rowspan="3">>66</td></tr>
<tr><td>右 K65-4</td><td>635.9</td><td>0.3×0.2</td></tr>
<tr><td>右 K66</td><td>635</td><td>0.5×0.3</td><td>溶缝与斜管</td><td>D_2^{6-4} 角砾状灰岩</td></tr>
<tr><td rowspan="6">27#</td><td>右 K64</td><td>639.10</td><td>2.1×0.6</td><td rowspan="6">窄缝溶管形</td><td>>66</td><td>D_2^7 白云岩</td><td>与导-K3 相连</td></tr>
<tr><td>右 K64-1</td><td>639</td><td>1.5×0.6</td><td></td><td></td><td></td></tr>
<tr><td>右 K64-2</td><td>639</td><td>1.3×0.5</td><td></td><td></td><td></td></tr>
<tr><td>右 K64-3</td><td>639</td><td>0.3×0.2</td><td></td><td></td><td></td></tr>
<tr><td>右 K64-4</td><td>639</td><td>0.3×0.2</td><td></td><td></td><td></td></tr>
<tr><td>右 K64-5</td><td>639</td><td>0.3×0.2</td><td></td><td></td><td></td></tr>
<tr><td rowspan="6">28#</td><td>右 K41</td><td>642.1</td><td>1×0.4</td><td rowspan="5">窄缝溶管</td><td>>71</td><td>D_2^{7-1} 结核白云岩</td><td>与导-K2-1 相连</td></tr>
<tr><td>右 K41-1</td><td>642.0</td><td>0.4×0.2</td><td></td><td></td><td></td></tr>
<tr><td>右 K41-2</td><td>642.0</td><td>0.4×0.2</td><td></td><td></td><td></td></tr>
<tr><td>右 K41-3</td><td>642.0</td><td>0.4×0.2</td><td></td><td></td><td></td></tr>
<tr><td>右 K41-4</td><td>642.0</td><td>0.4×0.2</td><td></td><td></td><td></td></tr>
<tr><td>右 K63</td><td>642.5</td><td>4.0×2.5</td><td>竖直溶管</td><td></td><td></td><td></td></tr>
<tr><td rowspan="2">29#</td><td>右 K35</td><td>644.82</td><td>0.5×0.7</td><td rowspan="2">溶管形</td><td>>75</td><td>D_2^8 灰岩</td><td>与-K109 相连</td></tr>
<tr><td>右 K23</td><td>644.73</td><td>0.5×0.3</td><td>>50</td><td></td><td></td></tr>
</table>

续表 3-15

坝　段	编　号	高程/m	长×宽/m	洞口形状	推测发育深度/m	岩石名称与层位	推测落水洞与隐伏溶洞的连通关系
30#	右 K42	651.8	0.6×0.3	窄缝溶管形	77	D_2^9 白云岩	与-K109 相连
	右 K15	649	1.6×0.7		83		
	右 K61	648.9	1.1×0.4		>70		
	右 K62	645.1	0.7×0.3	溶管形	>60		
	右 K48	651.5	0.6×0.4		>66		
	右 K49	649.5	1×0.3		>64		
	右 K21	648.5	0.5×3.0		>63		
	右 K22	652.7	0.8×0.5		>68		
	右 K34	645	7×0.5～1.5	窄缝溶管形	>60	D_2^8 灰岩	

3. 溶蚀带

右岸共发育 5 条规模较大的溶蚀带，9＃Rsd、13＃Rsd 溶蚀带特征叙述如下，其余 3 条溶蚀带发育特征见表 3-16。

表 3-16　右岸溶蚀带发育特征与位置表

位置或桩号	溶蚀带编号	长度(m)	宽度(m)	特　征
0+600～0+625	10＃ Rsd	35	1.2～2.5	发育在 D_2^7 与 D_2^{7-1} 接触带，643 m 高程以上为溶穴，粘土充填，以下溶蚀面为泥质物、钙化堆积，浅层地表局部为强风化岩石
0+634～0+664	11＃ Rsd	50	1.5～2	发育在 D_2^{7-2} 与 D_2^8 接触带，管道状落水洞发育，充填粘土夹块碎石，浅层地表局部为强风化岩石
0+677～右坝端	12＃ Rsd	50	3～7	发育在 D_2^9 白云岩中，带内管道落水洞发育，粘土夹块碎石充填，岩体溶蚀面多溶隙发育

9＃Rsd：处于中等岩溶发育强度带内，沿 F31 断层破碎带两侧发育，深度受落水洞与 K7 溶洞连通性控制，一般至 K7 溶洞洞口高程 573.50 m，局部为 556.15 m。宽度随垂直岩溶与水平岩溶结合部位的变化而变化，除坝基中落水洞充填粘土夹块碎石外，地表岩体溶蚀风化裂隙发育，层面或裂隙面多次生粘土充填。分布在右岸 20＃～27＃坝段，在坝基分布长度约 170 m。

13＃Rsd：发育在 F5 断层下盘的 D_2^9 层顶部，带内白云岩发育窄缝状溶穴或斜井状溶蚀管道，充填粘土夹块碎石，常年有地下水流。该带宽 1.3～2.4 m，平面长约 75 m，从地表向下发育达 573 m 高程，深度约 87 m。

4. 隐伏洞穴

隐伏洞穴是地表落水洞向下发育延伸的溶蚀管道，最终和水平溶洞连接。右岸建基面下的隐伏岩溶洞穴高度、充填情况等地质条件见表3-17。

表3-17　右岸19#～30#坝段隐伏洞穴分布特征表

坝　段	孔号/编号/下限高程/高度(m)(充填物)	备　注
19#	JK27/K1/555.39/0.76(全充填粘土夹砾卵石)	隐伏洞穴与K7溶洞的分支洞穴
20#	JK29/K1/559.23/0.75(全充填粘土、粘土夹块碎石)；JK30/K1/569.36/0.5(半充填粘土夹砾卵石)；武ZK41/K2/569.87/1.0；K1/566.47/1.25(两洞穴全充填含泥砾卵石)	
21#	JK31/K1/579.96/0.54(半充填粘土、粘土夹块碎石)；JK32/K1/578.82/0.44(半充填粘土、粘土夹块碎石)	隐伏洞穴与K7有水力联系
22#	ZK7/K6/595.65/7.03(半充填粘土、粘土夹块碎石)；K1/560.75/15.01(半充填含泥砾卵石)；K8/605.52/3.4；ZK7/K5/593.56/1.32(两洞穴半充填粘土夹砾卵石)；K4/590.68/1.33(半充填粘土夹砾卵石)；K2/584.07/2.16(半充填粘土、粘土夹块碎石)；K7/603.53/0.99(无充填)；K3/ 587.62/0.98(半充填含泥砾卵石)；ZK11/K2/566.28/10.85；K1/556.15/5.57(两洞穴半充填粘土夹砾卵石)；JK34/K1/589.30/0.10(无充填)；PD10-k1、PD10-K2溶穴	隐伏洞穴与K7、K1有水力联系
23#	武ZK43/K3/581.98/1.2；K2/579.38/2.37(两洞穴全充填粘土夹砾卵石)；K1/490.16/2.32(全充填含泥砾卵石)；JK35/K1/582.14/5.69(半充填粘土、粘土夹块碎石)；PD10-K1、PD10-K4洞穴	隐伏洞穴与K7、K1、K1-2有水力联系
24#	JK36/K1/592.37/10.44；K2/603.0/0.32(半充填粘土夹砾卵石)；K3/607.85/1.45；K4/610.85/0.85(两洞穴半充填粘土、粘土夹块碎石)；JK37/K1/584.14/1.1(半充填粘土夹砾卵石)；武ZK13/K1/576.02/1.82(半充填粘土夹砾卵石)；K3/619.55/0.67(无充填)；K2/612.8/0.34(半充填粘土、粘土夹块碎石)	隐伏洞穴与K1、K1-1、K1-2有水力联系
25#	JK38/K1/599.4/8.2(半充填粘土、粘土夹块碎石)；先导1/K6/603.2/1.45；K8/627.9/0.3(两洞穴半充填粘土、粘土夹块碎石)；K5/599.24/0.36(半充填粘土、粘土夹块碎石)；K3/589.14/1.01；K2/584.46/1.34(两洞穴半充填粘土夹砾卵石)；K4/594.4/0.98；先导1/K1/582.2/0.48(两洞穴半充填粘土夹砾卵石)；K9/631.34/0.63；K10/636.4/0.2(两洞穴无充填)；先导1/K7/619.4/0.2	隐伏洞穴与K1、K1-1、导K2、3、4有水力联系
26#	JK39/K1/632.59/3.0(无充填)；武ZK40/K2/641.39/5.19(全充填粘土、粘土夹块碎石)；K1/600.74/2.65(半充填粘土夹砾卵石)	

续表 3-17

坝　段	孔号/编号/下限高程/高度(m)(充填物)	备　注
29#	JK41/K3/639.8/1.4;K1/637.7/1.5(两洞穴半充填粘土、粘土夹块碎石);K2/642.0/0.6(无充填)	隐伏洞穴与坝基外K109有水力联系
30#	武 ZK44/K1/620.15/3.4(半充填粘土、粘土夹块碎石)	

3.5　坝区岩溶洞穴堆积、充填物特征

岩溶洞穴内堆积物种类有钟乳石、石笋、钙华、石幔、石冠等，厚 5～数 10 cm 不等。落水洞内以钙华堆积为主，个别洞内发育少量钟乳石；坝区水平溶洞内岩溶堆积物发育齐全，种类为钟乳石、石笋、钙华、石幔、石冠以及垮塌的块碎石等堆积物。岩溶洞穴内充填物类型有粘土、粘土夹块碎石、粘土夹砾卵石、含泥砂卵砾石四种类型，前三种充填物主要分布在 610 m 高程以上的落水洞内，水平溶洞或倾斜管道底部主要为粘土夹块碎石、粘土夹砾卵石、含泥砂卵砾石。

第 4 章　坝区岩体结构面分类及质量分级

4.1　坝区岩体结构面发育特征

结构面是岩体重要组成部分，也是构成岩体结构的主体，是控制工程荷载作用下岩体力学作用方式及其力学效应的主要因素之一，影响结构面力学效应的两大主要因素是结构面规模和性状，理顺结构面的类型及其特征是对其分级的基础，而合理准确的分级对提出和采用不同的研究手段和方法将起到重要指导作用。

4.1.1　断层发育基本规律及其特征

控制工区构造格局的断层为 F5 和 F7，相距 560～680 m，在此地段地层中发育了 F11、F21、F31、F58、F61、F62、F71、F72、F73、F74、F24、10f2、f16、f101 等断层，按等级序次划分 F1、F5、F7、F9、F11 为第一序次断裂，其余为次级序次断裂，主要断层特征见表 4－1、4－2(见图 4－1～图 4－5)。发育在河床中 f101 断层，缓倾上游，属岩屑夹泥型破碎带，性状差，抗剪强度低，是坝基内主要控制滑移面之一，分布 13～17＃坝段内，主要断层特征见表 4－3。顺河向断层 F71、72、73、74 控制了坝址区河流的走向，断层性状特征见表 4－4。

表 4－1　坝区主要断层特征表

结构面性质	编号	性　质	产　状	特征描述	出露位置
压扭性(北东向)结构面	F_5	逆断层	N55～60° E/NW ∠77°	S_{2-3} 地层逆冲于 D_2 地层之上，断层呈舒缓波状，破碎带宽 95～123 m，由糜棱岩、断层泥、角砾岩、块状岩、片理化岩组成，泥钙质胶结，挤压紧密	右岸帷幕防渗地段
	F_7	逆断层	N52～56° E/NW ∠55～77°	D_1 地层逆冲于 D_2 地层之上，呈舒缓波状，破碎带宽 17～20 m，由角砾岩、糜棱岩、断层泥、块状岩组成。泥钙质胶结，挤压紧密	坝 Ⅱ′下游约 280～300 m
	F_{11}	逆断层	N51～57° E/NW 或 SE∠72～85°	在 D_1^1 与 D_1^2 的接触地带，挤压破碎带宽 11.5～23.6 m，由断层泥夹小角砾及块状岩组成，上下盘影响带宽度分别为 8.3 m、2 m	坝 Ⅱ′下游约 180～150 m

续表 4-1

结构面性质	编号	性　质	产　状	特征描述	出露位置
压扭性（北东向）结构面	F_{18}	逆断层	N45～60°E/SE∠40～50°	破碎带宽 0.1～0.3 m，由角砾岩、碎裂岩、岩屑等组成，钙质胶结，挤压紧密	坝址右岸谷坡 D_2^5 地层中
	F_{31}	性质不明	N44～65°E/NW 或 SE∠60～85°	断面起伏扭曲，左岸倾向北西，右岸倾向南东，破碎带宽 1～4 m，由角砾岩、糜棱岩、断层泥组成，泥钙质胶结，上盘影响带透水性较好	坝轴线以下 0～13 m
	F_{58}	逆断层	M60～75°E/NW∠68～73°	破碎带宽 0.2 m 左右，主要由构造角砾岩组成，钙质胶结，胶结较好	左岸 11、12 坝段
张性兼扭性（北西向）结构面	F_{21}	正断层	N46°W/NE∠29°	断层较光滑，破碎带宽 5 cm，由碎石、壤土充填，未胶结，水平断距 3.5 m	左岸 12 坝段基坑下游 25 m
	F_{52}	逆断层	N40°W/NE∠82°	断层弯曲，粗糙，由破碎岩、粘土等组成，破碎带宽 1.2 m，走向断距 4.5 m，延伸不远即行消失	上游左岸，峡口向斜东南翼
	F_{54}	逆断层	N15°W/NE∠58°	破碎带宽 0.5 m，由岩屑、角砾、粘土等组成，未胶结	左岸 D11 地层中
	F_{61}	逆断层	N28°W/NE∠81°	断层面平直，具光滑镜面及擦痕，擦痕倾向南东，倾角 85°，破碎带宽 0.2 m 左右，由断层泥角砾岩组成，泥钙质胶结，胶结较差，沿走向错距 1.7 m	左岸谷坡
	F_{62}	逆断层	N28～49°W/SW∠55°	断层面不规则，破碎带宽 0.2 m 左右，未胶结，水平错距 0.7 m	左岸谷坡
	F_{63}	逆断层	N80～85°E/SE∠43°	断层面平直光滑，破碎带宽 0.3～1.2 m，由角砾、粘土、糜棱岩组成，泥钙质胶结，胶结较差	坝址上游左岸 D26 层中
	F_{64}	逆断层	N42°W/NE∠21°	断层面呈阶梯状，破碎带 0.2 m 左右，由岩屑、粘土等组成，未胶结	左岸
	F_{71}	逆断层	N27°W/NE∠35°	破碎带宽 1.3～1.5 m，由糜棱岩、角砾岩组成，白云质胶结，具蜂窝状溶孔	13＃～15＃坝段的厂房地基
	F_{72}	逆断层	N21°W/SW∠64°	破碎带宽 1.3 m，角砾岩、白云质胶结，多见蜂窝状溶孔	18～17＃坝轴线下游坝基中
	F_{73}	逆断层	N53°W/SW∠80°	破碎带宽 0.3～0.6 m，糜棱岩、钙质胶结，胶结较好	斜跨 13～16＃坝段的地基中
	F_{74}	逆断层	N44°W/SW∠81°	破碎带宽 0.6～0.8 m，由压碎带、糜棱岩、角砾岩组成，白云质为主，钙质胶结好	13～14＃坝段坝基中
扭性兼压性（近南北或东西向）	F_{64}	逆断层	N42°W/NE∠21°	断层面呈阶梯状，破碎带 0.2 m 左右，由岩屑、岩粉、粘土等组成，未胶结	坝址左岸
	F_8	逆断层	N5°W/ NE∠43°	破碎带与影响带宽 7～9 m，主要由角砾岩组成，胶结较差，为中-强透水。q=1.1～18 Lu	坝址下游河床右侧
	F_{63}	逆断层	N80～85°E/SE∠43°	断层面平直光滑，破碎带宽 0.3～1.2 m，由角砾、粘土、糜棱岩组成，泥钙质胶结，胶结较差	左岸上游瓦厂里

表 4－2　次级断层特征表

序　号	编　号	产　状	特征描述	位　置
1	F31－1	N16～22° E/SE ∠34～38°	破碎带由断层泥、岩屑、破碎岩块组成，厚度 5～30 cm，局部 50 cm	右岸 18＃～23＃坝基内
2	10f2	N40～60° E/SE ∠45～50°	断层带由断层角砾岩、断层泥、岩屑、破碎岩块组成，厚度 0.1～0.98 m	13＃～21＃坝基内
3	f101	N30～45° E/NW ∠15～18°	断层带为塑状泥夹岩屑、岩屑夹泥、构造岩所组成，厚度 0.1～0.5 m	11＃～17＃坝基内
4	f115	N15～35° E/NW ∠22～25°	断层带由断层角砾岩、岩屑夹泥等组成，厚 0.1～0.40 m，上下盘影响带厚度为 0.3～1.5 m	17＃～20＃坝纵 0＋040 以后坝基及抗力体内
5	f114	N50～60° E/NW ∠24～28°	断层带由断层构造岩、岩屑夹泥质等组成，厚度 0.1～0.86 m	17＃～20＃坝下游抗力体地段
6	f113	N65～80° E/SE ∠17～20°	破碎带为构造岩、岩屑、泥质等组成，厚度 0.1～0.4 m	13＃～17＃厂房坝基内
7	f116	N60～85° E/NW ∠20～27°	破碎带组成物为构造岩、破碎岩块、岩屑，局部有次生泥质物等，厚度变化为 0.05～1.35 m	12＃～13＃厂房坝基与左侧边坡地带
8	f117	N40°E/NW∠60°	该断层由切层逐渐转为顺层产出。在切层地带的断层破碎带内为棱角状压碎岩块组成，顺层延伸段，断层面为一光滑面，面内有黑色岩屑厚度 1～5 mm	12＃～16＃厂房坝基
9	f118	N75°E/SE ∠20～25°	破碎带为破碎岩块、岩屑夹泥，局部见角砾化岩石，厚度 0.02～0.10 m；在尾水渠齿槽基坑 554 高程一带，断层带局部溶蚀严重，充填物厚度 0.3～0.5 m	12＃～14＃厂房与尾水渠反坡段地基中
10	f16	N35～50° E/NW∠30°	断层带组成物为断层角砾岩、破碎岩块、泥质物组成，厚度 0.1～0.3 m	22＃坝基上游边坡内
11	f20	N40～80° E/SE ∠31～51°	破碎带为胶结的断层角砾岩、破碎岩等组成，厚度 0.1～0.5 m	4＃～8＃坝基内
12	f21	N80°E/SE∠48°	破碎带由鳞片状页岩或泥岩、风化破碎组成，结构疏松，揭示宽度 0.3～0.75 m	左坝肩 660 m 高程边坡中
13	f22	N22°W/SW∠43°	破碎带组成物为压碎岩块、岩屑组成，厚度 0.1～0.5 m	3＃上游边坡中
14	f23	N55°E/NW ∠47～75°	破碎带由断层角砾岩、断层泥、岩屑夹泥组成，厚 0.05～0.10 m，断层倾角变化大，由切层逐渐转为顺层产出	8＃～10＃坝基中
15	f26	N60°E/NW∠62°	破碎带组成物为断层角砾岩、破碎岩块、泥质物组成，厚度 0.3～0.8 m	28＃～29＃坝基上游边坡
16	f27	N10～30° E/NW ∠17～23°	断层带由断层角砾岩、断层泥、岩屑夹泥、泥夹岩屑组成，厚度 0.1～0.5 m	8＃～12＃坝基内

续表 4-2

序 号	编 号	产 状	特征描述	位 置
17	f28	N65～70° W/SW∠42～45°	除局部破碎带为0.05～0.1 m宽度的岩屑夹泥外，其余仅为一光滑的错动面	1#～2#坝基内
18	f29	N62～65°E/NW∠28°	破碎带由断层角砾岩、断层泥、泥夹岩屑组成，厚0.1～0.2 m，局部0.3～0.5 m	左岸574灌浆平硐0+025～0+050，洞顶至边墙脚地带内
19	f30	N46°W/NE∠29°	破碎带宽5～10 cm，由碎裂岩、角砾岩、断层泥及岩屑组成，断面光滑	左岸12#坝段基坑下游25 m
20	f58	N60～75° E/NW∠68～73°	该断层顺层产出，断层面多为光滑错动面，其间见黑色岩屑，边坡及局部坝基中破碎带为0.05～0.2 m构造角砾岩	8#～10#坝段上游边坡和11#～17#坝段坝基内

表 4-3 河床坝基次一级断层 $10f_2$、f_{101} 特征表

编 号	性 质	断层产状	特征描述	铅直厚度/m	平面位置	底界高程/m
$10f_2$	逆断层	N40～60°E/SE∠45～50°	由断层泥、角砾岩组成，断层泥松散，多见云母细片，角砾岩呈弱胶结，局部溶蚀较严重，见蜂窝状溶孔	0.5～1.5	21～22#坝段与河床坝基，下游地段	580～550
f_{101}	逆断层	N35～45°E/NW∠15～18°	褐黄色角砾岩为主，面上有碎屑，Vp值3 600 m/s	0.29	14#坝段JK16	534.09
			断面风化呈黄色，见蜂窝状溶孔；底界面厚度0.20 m，Vp值2 800 m/s，其余为3 600 m/s	0.51	14#坝段JK17	552.72
			角砾岩呈弱胶结，见蜂窝状溶孔，上下界面Vp值为3 700 m/s，其余Vp值4 000～4 500 m/s	1.33	15#坝段JK18	533.95
			角砾岩胶结致密，仅上下界面风化呈黄色，Vp值为5 200 m/s	0.47	15#坝段JK19	556.59
			胶结角砾岩，上下界面Vp值为3 400 m/s，其余段Vp值4 000～4 500 m/s	1.89	15#坝段JK20	543.52
			断层角砾岩及破碎岩块组成，泥质物厚度2 mm，粉末状；上下界面厚度0.6 m，Vp值为2 300 m/s，其余为3 500 m/s	1.98	16#坝段JK22	542.99
			角砾岩胶结致密，Vp值大于4 500 m/s，下界面夹泥约0.2 m，Vp值为2 100 m/s	1.35	17#坝段JK24	536.31

表 4－4　顺河向断层特征表中

编　号	产　状	特　征	分布位置
F_{71}	N27°W/NE∠35°	带宽 1.3～1.5 m，由糜棱岩、角砾岩组成，白云质胶结，具蜂窝状溶孔，充填泥质物	13＃～15＃坝段的厂房地基
F_{72}	N21°W/SW∠64°	带宽 1.3 m，角砾岩、白云质胶结差，多见蜂窝状溶孔，充填泥质物	18＃～17＃坝段，坝轴线下游坝基中
F_{73}	N53°W/SW∠80°	带宽 0.3～0.6 m，糜棱岩、钙质胶结，胶结较好，局部糜棱岩弱风化	斜跨 13＃～16＃坝段的地基中，与坝轴线呈 51°交角
F_{74}	N44°W/SW∠81°	带宽 0.6～0.8 m，由压碎带、糜棱岩、角砾岩组成，钙质胶结好，糜棱岩强风化	位于 13＃～14＃坝段偏左岸坝基中，与坝轴线呈 51°交角

图 4－1　f31 断层破碎带

图 4－2　10f2 断层带

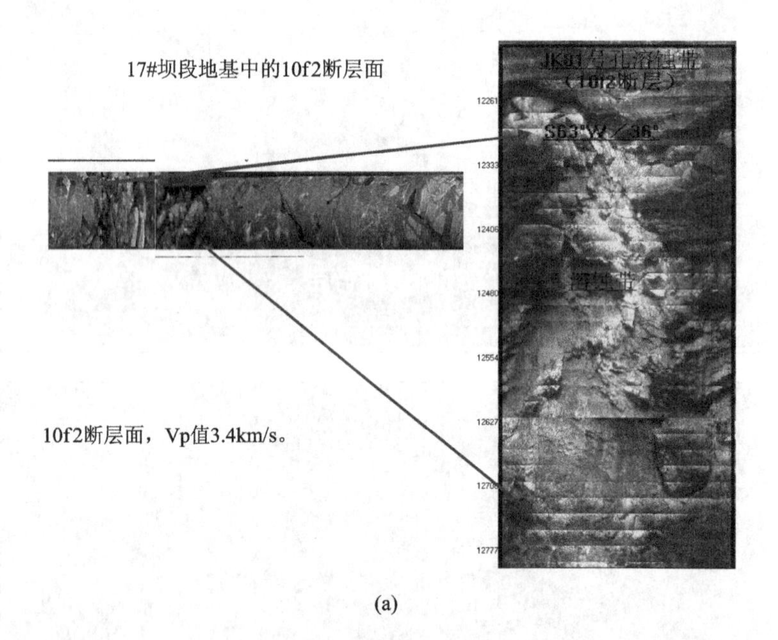

(a)

图 4－3　钻孔揭示 10f2 断层带

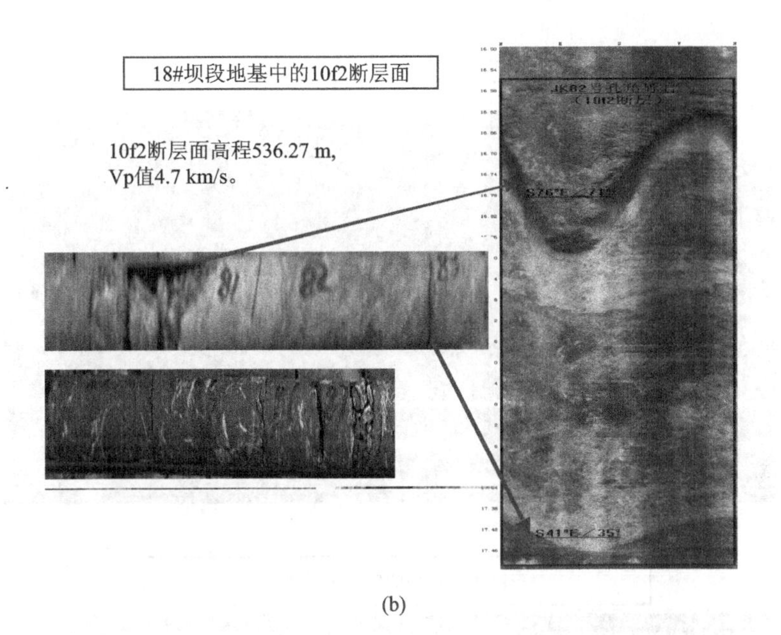

(b)

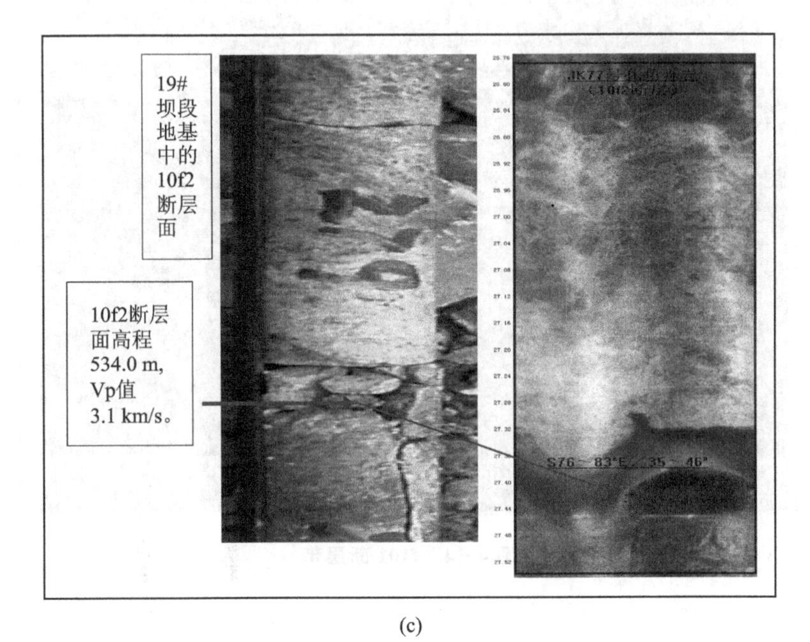

(c)

图 4-3　钻孔揭示 10f2 断层带(续)

图 4-4　f101 断层带

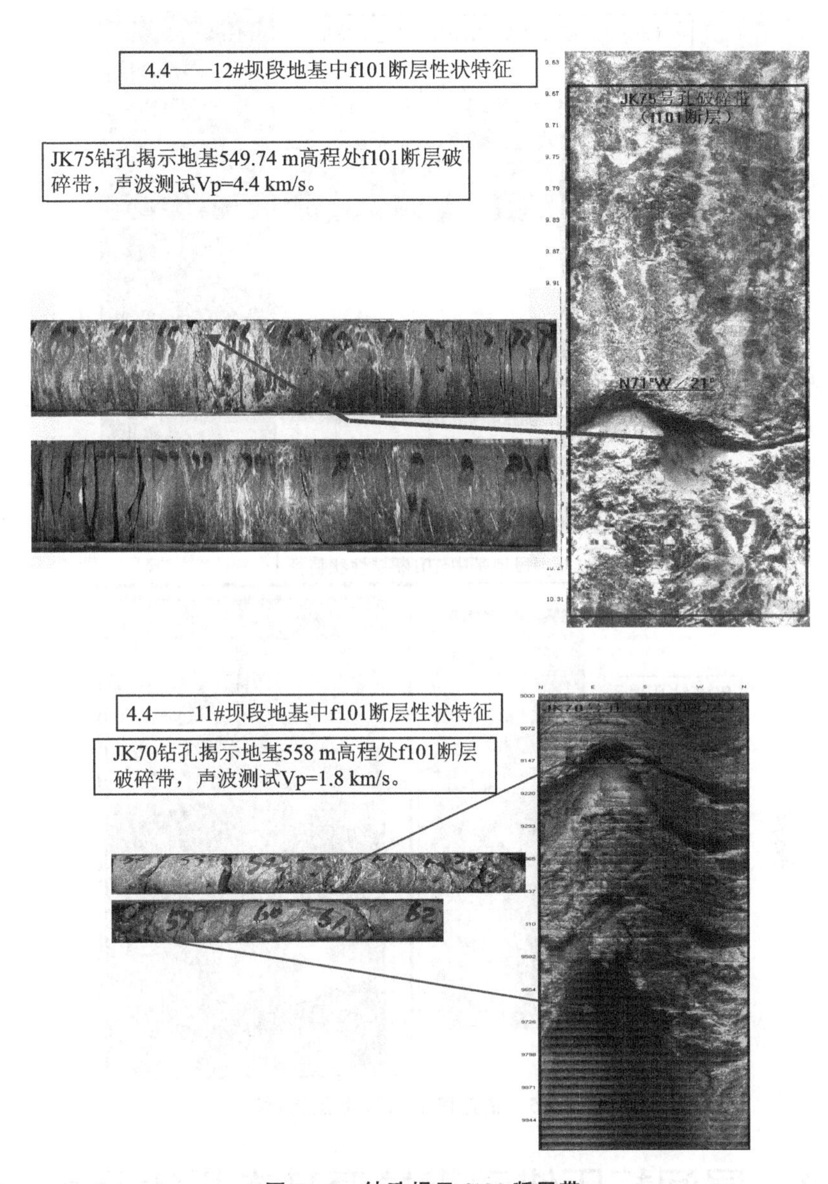

图 4－5　钻孔揭示 f101 断层带

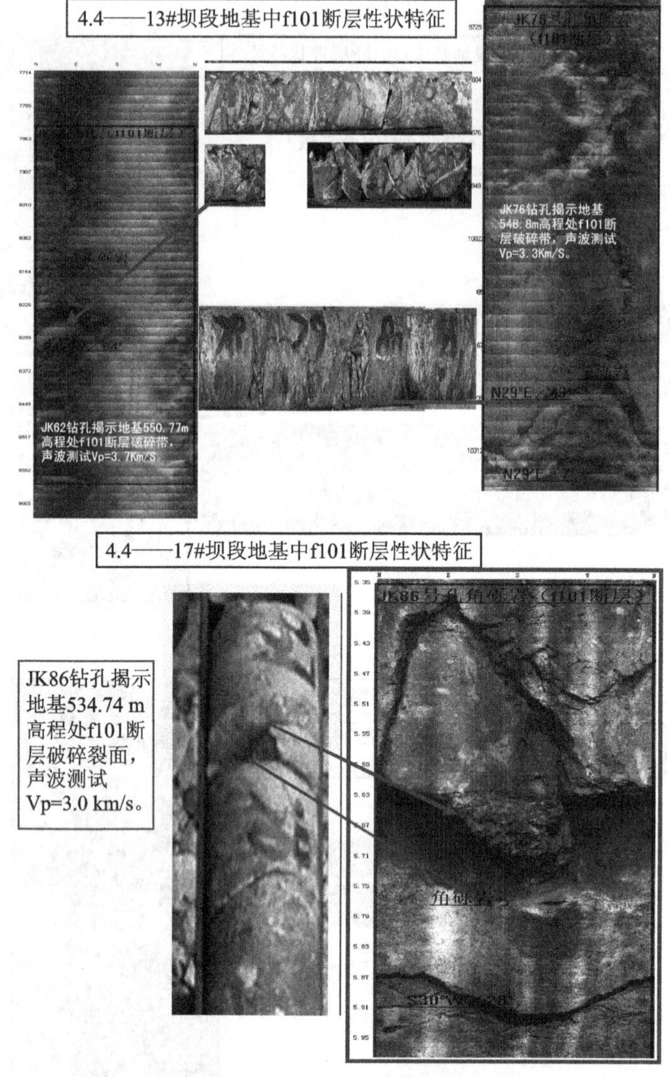

图 4-5 钻孔揭示 f101 断层带(续)

4.1.2 层间挤压错动带发育基本规律及其特征

层间错动带受构造挤压作用陡倾上游，基本顺层分布、延续性较好；其组成物质以角砾岩、糜棱岩为主，部分被溶蚀后角砾间充填粘土。按物质组成，错动带分三种，A 类型：岩块岩屑型，岩块中微裂隙发育，局部结构面有氧化物；B 类型：岩块岩屑夹泥型，岩体破碎，碎块带内有岩屑、泥质物充填；C 类型：泥夹岩屑型。河床坝基发育层间错动带 17 条，左岸坝基发育 14 条，右岸坝基发育 18 条，分布特征见表 4-5～表 4-7。

表 4-5　河床坝基层间错动带特征表

编　号	揭示钻孔及孔内编号	底界高程/m	铅直厚度/m	特征描述	分布位置
JC3-A	孔 115-j1、JK26-j1	512.83	2.27	构造角砾岩，碎裂结构，裂隙发育，碎块 2～5 cm，未胶结；CT 波速 4 000～4 500 m/s	13＃～14＃坝段，底界高程以上
JC2-A	孔 115-j2、JK26-j2	467.33	2.89		12＃～14＃坝段，底界高程以上
JC39-A	JK21-j1	558.57	1.25		16＃～17＃坝段，底界高程以上
JC40-A	JK23-j1	548.86	0.30		16＃～17＃坝段，底界高程以上
JC15-B	孔 50-j1	531.26	1.79	带内角砾岩，胶结差，局部风化充填泥质物，角砾碎块 1～4 cm；CT 波速 3 200～3 800 m/s	17＃～18＃坝段，底界高程以上
JC16-B	孔 65-j1	494.75	2.08		13＃坝段，520 m 高程以下
JC6-B	孔 57-j1	543.95	1.91		16＃～17＃坝段，底界高程以上
	孔 50-j2	507.40	4.0	构造角砾岩，碎裂结构，钙质胶结，少数呈弱风化状，裂隙面附吸泥膜；CT 纵波速 3 200～3 800 m/s	
JC7-B	孔 66-j1	497.90	0.5		15＃～16＃坝段，底界高程以上
JC35-B	孔 66-j2	482.0	3.5		15＃～16＃坝段，490 m 高程以下
JC13-B	孔 66-j3	431.03	2.0		15＃～16＃坝段，450 m 高程以下
JC5-C	孔 77-j1	544.64	4.11	构造角砾岩与糜棱岩，胶结差，裂隙发育，角砾呈碎块 1～3 cm，部分碎块充填泥质物；CT 波速 2 000～2 700 m/s	15＃坝段，坝上游 60 m
JC4-C	孔 77-j2	497.77	3.64	构造角砾岩与糜棱岩，未胶结，角砾粒径 1～3 mm，充填泥质物；CT 波速 2 000～2 700 m/s	14＃～15＃坝段，底界高程以上
	孔 114-j1	453.95	3.5		
JC12-C	孔 67-j1	527.08	2.01	糜棱岩为主，微胶结；少数岩心呈饼状，充填泥质物；CT 波速 2 000～2 700 m/s	16＃～18＃坝段，底界高程以上
JC11-C	孔 67-j2	515.28	5.70		16＃～17＃坝段，底界高程以上
JC10-C	孔 67-j3	507.98	6.8	构造角砾岩，碎裂结构，钙质胶结；带内裂隙发育，岩石呈碎块，碎块中多发毛状白云石条带，白云石多呈弱风化，少数呈强风化，粘土充填；CT 波速 2 000～2 700 m/s	16＃～18＃坝段，底界高程以上
	ZK2-j1	510.50	1.5		
JC14-C	孔 51-j1	480.12	2.51		15＃坝段 510 m 高程以下
左 JC2-C	JK15-j1	557.86	1.59	构造角砾岩，碎裂结构，钙质胶结，多数风化呈黄褐色；带内夹沥青质碎片，浅表部位该带内多粘土充填；CT 波速 2 000～2 700 m/s	13＃～18＃坝段 560 m 高程以下，发育在 D_2^5 与 D_2^4 接触地带

表 4-6　左岸坝基层间错动带特征表

编　号	揭示钻孔及孔内编号	底界高程/m	铅直厚度/m	特征描述	分布位置
Jc41-A	JK6-J1	592.68	1.16	构造角砾岩,钙质胶结有氧化物浸染,角砾粒径 1～5 mm,带内裂隙发育,碎块 1～3 cm	5#～7#坝段,建基面中下部
Jc42-A	JK6-J2	588.45	0.62	构造角砾岩,钙质胶结有氧化物浸染,角砾粒径 1～5 mm,带内裂隙发育,碎块 1～3 cm	5#～7#坝段,建基面中下部
Jc43-A	JK5-J1	598.12	0.72	构造角砾岩,钙质胶结有氧化物浸染,角砾粒径 1～5 mm,带内裂隙发育,碎块 1～3 cm	5#～7#坝段,建基面中下部
JC21-1-B	ZK42-J1、J2 孔 79-J1～孔 65-J2	坝基高程:620～573	宽度:0.7～1.2	带内为白云岩夹薄层沥青质白云岩,以及泥灰岩、沥青质碎屑,CT 纵波速 2 850～3 610 m/s	5#～12#坝段建基面以下
JC21-2-B	ZK42-J1、J2 孔 79-J1～孔 65-J2	坝基高程:620～573	宽度:0.5～1.7	带内为白云岩夹薄层沥青质白云岩,以及泥灰岩、沥青质碎屑,CT 纵波速 2 850～3 610 m/s	5#～12#坝段建基面以下
Jc24-1-B	ZK39-J1	574.94	3.6	角砾岩粒径 1～3 mm,胶结较差,轻度溶蚀风化	5#～12#坝段建基面以下
Jc24-B	ZK39-J2	567.85	3.08	角砾岩胶结差,裂隙发育,透水率 5.9lu	5#～12#坝段建基面以下
Jc36-B	SJ1-J1、6	556.50	0.2～0.8	角砾岩溶蚀风化严重呈碎块、粘土充填,有地下水活动,流量 Q=6L/s	8#～12#坝段建基面以下
Jc8-1-B	SJ1-J2、3、4	555.0	0.1～0.5	同 SJ1-J2、3、4	8#～12#坝段建基面以下
Jc3-B	孔 79-J2～孔 65-J3	555.0～467	1.0～1.8	角砾岩,碎裂结构,微胶结,岩石破碎,裂隙发育,局部白云石风化染手	5#～12#坝段建基面以下
Jc7-B	ZK49-J2	485.37	5.36	钙质胶结角砾岩,角砾粒径 1～3 mm,角砾碎块 1～5 cm	5#～12#坝段建基面以下
JC21-3-C	ZK42-J2	坝基高程:620～573	宽度:1.0～1.5	带内为灰岩碎块与岩屑,充填粘土、CT 纵波速 1 800～2 500 m/s	5#～12#坝段建基面以下
Jc44-C	JK7-J1	582.90	0.66	带内为灰岩碎块与岩屑,充填粘土、CT 纵波速 1 800～2 500 m/s	7#坝段,建基面中下部
左 JC2-C	JK15、JK19	坝基高程:626.14～649.75	宽度:1.0～1.5	构造角砾岩,碎裂结构,钙质胶结,多数风化呈黄褐色;带内夹沥青质碎片,浅表部位该带内多粘土充填,CT 纵波速 2 000～2 700 m/s	2#～4#坝段建基面内,发育在 D_2^5 与 D_2^4 接触地带

表 4-7　右岸坝基层间错动带发育表

编号	揭示钻孔及孔内编号	底界高程/m	铅直厚度/m	特征描述	分布位置
Jc20-A	武 45-J1	499.49	2.94	岩石微裂隙发育，破碎	22#坝段基面下部外侧
Jc27-A	孔 90-J1	631.2	5.40		右坝端
Jc49-A	JK31-J1	573.10	0.70	构造角砾岩，钙质胶结，角砾棱角状，直径 1～2 cm，角砾被方解石脉与白云石包裹。带内裂隙发育，裂隙面有氧化物浸染呈灰黄色，局部白云石强风化呈白云砂	22#～24#坝段，延伸长度短，分布于建基面以下的地基内
Jc50-A	JK31-J2	564.35	0.45		
Jc51-A	JK31-J3	556.70	0.65		
Jc52-A	JK32-J1	575.86	1.05	构造角砾岩，钙质胶结，角砾棱角状，直径 1～3 cm，带内裂隙发育，裂隙面呈黄色，充填泥膜	
Jc54-A	JK34-J1	595.30	0.49	带内为灰质白云岩，裂隙发育，岩石呈 1～3 cm 碎块	
Jc56-A	JK33-J1	586.24	0.42	构造角砾岩，钙质胶结，角砾粒径 1～5 mm，带内裂隙发育，碎块 3 cm	
右 Jc2-A		坝基高程：597～573	宽度 1～1.5	薄层状白云岩与灰质白云岩，裂隙发育，岩体呈镶嵌状	20#～23#坝段建基面以下的地基内
右 Jc3-A		坝基高程：604～573	宽度 1～1.2		
右 Jc5-A		坝基高程：584	宽度 0.5～1		21#坝段地表
右 Jc4-B	武 ZK43-J1	570	宽度 0.5	角砾状灰岩，裂隙发育，岩石呈 2～5 cm 碎块，有岩屑、泥质物充填	23#～24#坝段地表
右 Jc6-B	武 ZK48-J1	568	宽度 0.8	白云岩裂隙发育，碎块 2～4 cm，有岩屑、泥质物充填，带内有构造角砾岩 0.2 m	19#～20#坝段下游基坑外
右 Jc7-B	武 ZK48-J2	500	宽度 0.5		
Jc57-C	JK34-J3	559.44	1.18	泥灰岩，岩性软弱受挤压后，裂隙呈网状发育，多数岩石具鳞片状，片理构造，部分呈薄片状，夹沥青质碎片或碎屑	22#～23#坝段，分布于建基面以下的地基内
Jc59-C	JK35-J3	570.93	0.40		
右 Jc1-C		坝基高程：621	宽度 0.5	带内为褐黄色页岩，呈鳞片状，顶底部位多为沥青质白云岩或灰岩，未胶结，结构松散	20～23#坝段地表
右 Jc8-C		坝基高程：574～600	最大宽度 1.0	带内为白云岩碎块夹灰绿色泥灰岩碎片，结构松散	20～21#坝段下游边坡角

4.1.3 裂隙发育基本规律及其特征

1. 左、右岸构造裂隙发育基本规律及其特征

本阶段通过坝基开挖面与坝基检查钻孔统计构造裂隙 640 条，其中，缓倾角裂隙占 398 条。

(1) 左岸发育 3 组构造裂隙，其发育趋势见图 4-6。

① N40～50°E/SE∠30～40°或 NW∠73～80°，裂面起伏，充填岩屑及少量粘土，延伸长度 0.6～3.0m。个别陡倾角裂隙，沿走向延伸长度达 14 m，如 L223。

② N25～35°W/NE ∠20～40°，裂面平直，微张，碎屑或泥质物充填，延伸长度一般 2～3 m，个别沿走向延伸长度达 8 m，如 L432。

③ N80°W/NE ∠55～62°，发育 7 条，裂面平直较光滑，一般沿走向延伸长度达 5～10 m，个别沿倾向方向延伸长度达 21 m，如 L225。

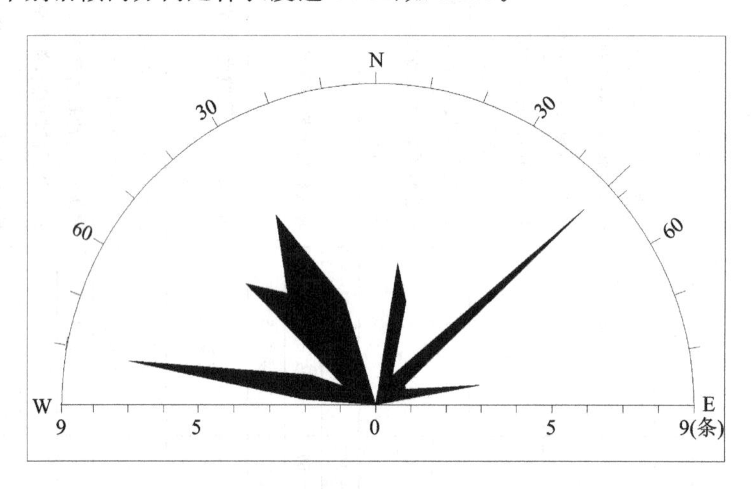

图 4-6 左岸构造裂隙走向玫瑰图

(2) 右岸发育 4 组构造裂隙，其发育趋势见图 4-7。

① N45～50°E/SE∠30～40°，裂面起伏，有岩屑充填，多数延伸长 3～5 m，个别长 50 m，如分布在右岸 19～22＃坝段下游边坡体内的右 L200 沿 SE 方向延伸长 69 m、L257 沿 SE 方向延伸长 75 m、L320 沿 SE 方向延伸长 50 m。

② N55～60°E/SE∠28～50°，裂面起伏，充填岩屑及少量粘土，延伸长 5～10 m。

③ N28～35°W/NE∠52～75°，裂面平直，有锈斑，充填岩屑，延伸长 2～3.5 m。

④ N80°W/SW∠15～26°裂面粗糙起伏不平，有方解石薄膜或方解石脉，延伸短小，个别为 3～5 m。

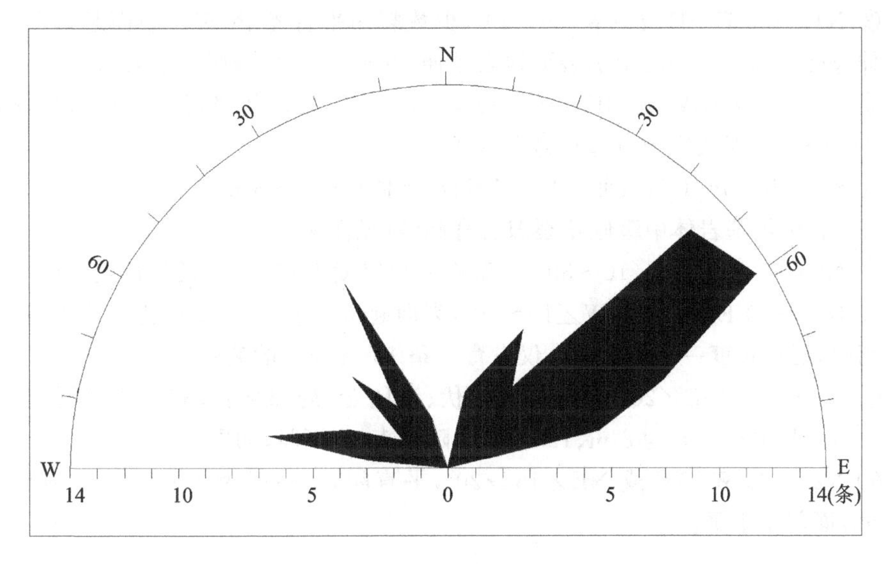

图 4-7 右岸构造裂隙走向玫瑰图

2. 左、右岸坝基缓倾角裂隙发育基本规律及其特征

(1) 左岸坝基岩体中缓倾角裂隙发育趋势(见图 4-8)。

① N60～70°E/NW∠10～30°和 N60～70°E/SE∠15～30°,裂面平直,多闭合,无充填,延伸长度 0.6～3.0 m。个别倾 SE 的缓倾角裂隙,裂面起伏,岩屑及少量粘土充填,其延伸长度为 5～7 m。

② N40～50°E/NW∠10°或 SE∠15～30°,多数裂隙短小,裂面平直,多闭合,个别延伸 10 m,面起伏。

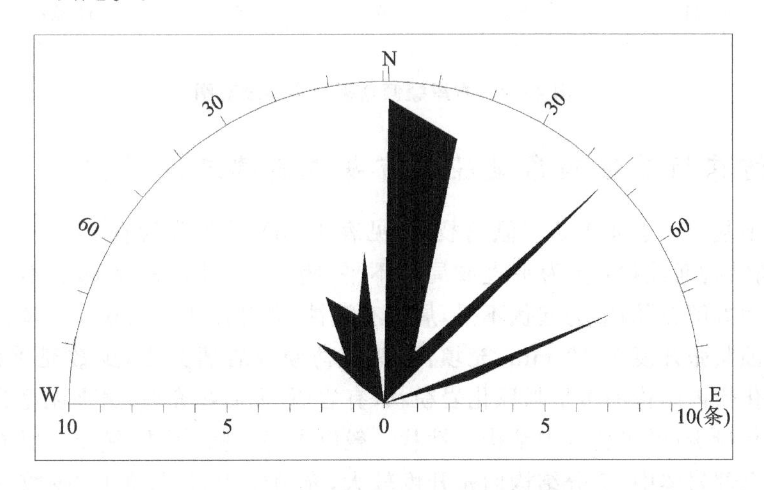

图 4-8 左岸缓倾角裂隙走向玫瑰图

③ N10～15°E/SE 或 NW∠5～10°，少数裂面平直光滑，多数裂面起伏不平，一般延伸长度 1.5～3.0 m，个别裂隙地表延伸 10～14 m，面微张充填岩屑。

④ N2～10°W/SW 或 NE∠20～28°，发育 4 条，裂面较光滑，多闭合，延伸长度一般 1～5 m，个别长度 10 m，面起伏不平。

⑤ SN /W∠5～10°，裂面起伏，多闭合，延伸长度 3～5 m。

(2) 右岸坝基岩体中缓倾角裂隙发育趋势(见图 4-9)。

① N60～70°E/NW∠10～30°，方解石充填厚度 1～3 mm，延伸长度 1～2 m。

② N45～50°E/SE 或 NW∠10～30°，裂面起伏不平，裂面多氧化物渲染，局部裂面附钙膜，延伸长度一般 2～3 m，仅发育 1 条 10 m 长度的裂隙。

③ N5～10°E/SE∠20～28°，裂面起伏、半闭合，局部微张，有泥膜，延伸长度一般 1～2 m，其中有 2 条为 8 m、12 m 的裂隙平直，有钙膜，切层。

④ N25～30°W/SW 或 NE∠15～20°，平直闭合，一般为 1～2 m，个别长度为 5～7 m，面起伏不平。

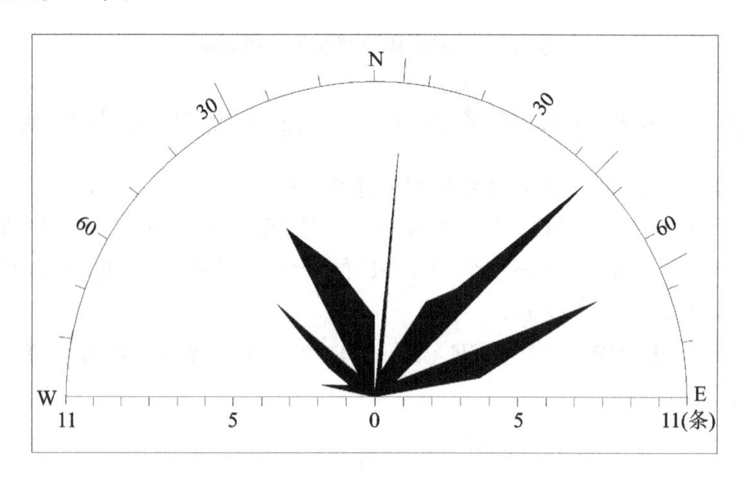

图 4-9　右岸缓倾角裂隙走向玫瑰图

3. 河床坝基缓倾角裂隙发育基本规律及其特征

河床坝基统计了 401 条缓倾角裂隙(见表 4-8)，主要发育在 510～560 m 高程内，缓倾角结构面性状：① 为平直或局部不平，闭合无充填；② 为起伏不平微张开，无充填或为方解石脉；③为起伏不平，局部有溶蚀，张开度 1～3 mm，局部 2～5 mm，个别受溶蚀其张开度为 10 mm，充填泥、钙质薄膜或岩屑为主，少数充填泥膜或粘土。弱风化带内结构面多呈强风化岩粉状，有岩屑、泥质物充填，属夹泥型为主，其他两种类型数量少；微风化带内结构面性状一般以方解石脉、钙质、钙质薄膜充填，但微风化灰岩上部岩体中，部分结构面张开度较大，充填物为岩屑、泥膜，少数有粘土、泥质物充填。河床中缓倾角发育趋势走向与倾向玫瑰图如图 4-10。

① N86°W/NE∠23.8°；② N31°W/NE∠25.8°；③ N34°E/NW∠25.4°；
④ N15°E/NW∠16.8°；⑤ N45°E/SE∠18.2°；⑥ N53°E/SE∠29.2°；
⑦ N86°W/SW∠18.3°；⑧ N34°W/SW∠21.7°。

表 4-8　河床缓倾角裂隙高程及倾角发育表

	缓倾角分段区间及条数					百分比
高程(m)	水　平	2～10°	10～20%	20～30°	合　计	%
560～570		5	2	9	16	4
550～560	2	13	13	17	45	11.2
540～550	6	22	30	27	85	21.2
530～540	8	14	15	15	52	13
520～530	6	16	16	31	69	17.2
510～520	5	20	20	18	63	15.7
500～510	1	8	7	9	25	6.3
490～500	1		9	10	20	5
480～490	2		6	5	13	3.2
470～480		3	1	9	13	3.2
合计	31	101	119	150	401	
百分比(%)	7.7	25.2	29.7	37.4		100

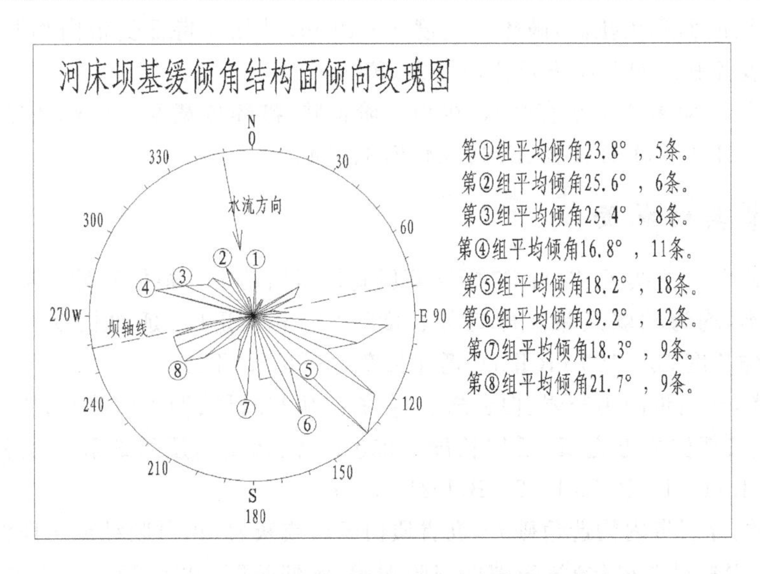

图 4-10　河床坝基缓倾角裂隙走向与倾向玫瑰图

4.2 坝区岩体结构面分类

在工程荷载作用下,各类结构面力学效应及其对岩体稳定性的影响主要受控于两大因素——规模和性状,两者对坝区工程岩体稳定性的影响,从工程意义上讲,其规模显得更为突出,但不同性状的结构面其参数也不一样,对岩体稳定性的控制意义也不同,本文结构面分类即是根据此原则进行的。

4.2.1 按规模分类

坝区结构面按规模分成四大类,每一大类又按其延伸长度不同分成不同亚类,共分成十三个亚类,见表 4-9。

1. Ⅰ类结构面

指贯穿坝区断层带,延伸长大,呈舒缓波状,破碎带由角砾岩、糜棱岩、块状岩、断层泥组成,挤压紧密,泥钙质胶结。按破碎带宽度可分成三个亚类,即破碎带宽度>10 m(I1);破碎带宽度 1～10 m(I2);破碎带宽度<1 m(I3)。

Ⅰ1 类:断层呈舒缓波状,破碎带宽度>10 m,其强度特征受带内物质组成及胶结紧密程度控制,而厚度则控制坝肩抗力体的变形。如压性逆断层坝上游 F5,下游 F7、F11。

Ⅰ2 类:断面起伏扭曲,破碎带宽度 1～10 m,其强度特征受带内物质组成及胶结紧密程度控制。如 F31、F52、F71、F72、F8。

Ⅰ3 类:断面多数呈平直光滑,少数呈阶梯状,破碎带宽度<1 m,胶结较差或未胶结。如 F21、F54、F61、F62、F63、F64、F73、F74。

2. Ⅱ类结构面

指普遍存在于坝区 F5 与 F7 断层间层间挤压错动带。根据延伸长度不同,可分成四个亚类,均为软弱层带。即延伸长度>200 m(Ⅱ1)、延伸长度 100～200 m(Ⅱ2)、延伸长度 50～100 m(Ⅱ3)、延伸长度 8～50 m(Ⅱ4)。

Ⅱ1 类:碎屑带内为灰岩、白云岩、泥灰岩碎块与岩屑、沥青质碎片,碎裂结构,钙质胶结,浅表部位粘土充填,延伸长度>200 m,性状受物质组成和密实程度控制。如 Jc2-c、Jc21-1-B、Jc21-2-B、Jc21-3-c。

Ⅱ2 类:碎屑带内构造角砾岩,沥青质白云岩或灰岩,钙质胶结或未胶结,碎裂或松散结构,少数呈弱风化状,裂隙面附吸泥膜,延伸长度 100～200 m,性状受物质组成和密实程度控制。如右 Jc7-B、右 Jc1-c。

表 4－9　坝区结构面按规模分类

类型		分类依据		级别		工程地质特征	代表性结构面	备注
编号	名称	规模	工程地质意义	编号	名称			
Ⅰ	断层	主要发育在 D1、D2 地层中，中陡倾角稳定延伸贯穿整个坝区	结构面强度受断层岩成分或胶结程度控制，是坝区大规模岩体稳定性（坝肩、坝基稳定）的控制性边界	Ⅰ1	角砾岩屑型	区域性断层，呈舒缓波状，破碎带宽度＞10 m，由糜棱岩、断层泥、角砾岩、块状岩、片理化岩组成，泥钙质胶结，挤压较紧密	F5、F7、F11	
				Ⅰ2	角砾岩屑夹泥型	断面起伏扭曲粗糙，碎带宽度 1～10 m，由角砾岩、糜棱岩、断层泥粘土等组成，泥钙质、白云质胶结，具蜂窝状溶孔	F31、F52、F71、F72、F8	
				Ⅰ3	裂隙型	断面多呈平直光滑，少数呈阶梯状，破碎带宽度＜1 m，未胶结或较差，由糜棱岩、岩屑、角砾、断层泥、粘土充填	F21、F54、F61、F62、F63、F64、F73、F74	
Ⅱ	层间错动带	主要发育在基体 $D_2^4 \sim D_2^6$ 层中下部，延伸 8～330 米	结构面强度受错动带构造岩成分或充填物性质以及胶结紧密程度控制，可构成基体大范围或局部岩体稳定边界	Ⅱ1	岩块岩屑型	延伸长度＞200 m，碎屑带内为构造角砾岩、灰岩、白云岩、泥灰岩碎块与岩屑、沥青质碎片，碎裂结构，钙质胶结，浅表部位粘土充填	Jc2－C、Jc21－1－B、Jc21－2－B、Jc21－3－C	
				Ⅱ2	岩块岩屑型	延伸长度 100～200 m，碎屑带内构造角砾岩，沥青质白云岩或灰岩，钙质胶结或未胶结，碎裂或松散结构，少数呈弱风化状，裂隙面附吸泥膜	右 Jc7－B、右 Jc1－C	
				Ⅱ3	岩块岩屑夹泥型	延伸长度 50～100 m，碎屑带内薄层状白云岩与灰质白云岩，岩体呈镶嵌状	Jc2－A、右 Jc2－B、右 Jc3－A、右 Jc4－C	
				Ⅱ4	泥夹岩屑型	延伸长度 8～50 m，碎屑带内岩体呈镶嵌状，造角砾，角砾粒径 1～5 mm，钙质胶结有氧化物浸染，裂隙发育，碎块 1～4 cm，有岩屑、泥质物充填	Jc41－A、Jc21－B、左 Jc9、右 Jc5－A、Jc8－A、Jc6、16、17－B、Jc24－C	

续表 4-9

类型		分类依据		级别		工程地质特征	代表性结构面	备注
编号	名称	规模	工程地质意义	编号	名称			
Ⅲ	构造裂隙	基体中发育上千条，随机分布，断续延伸，长度数米～数十米	强度受裂面性质及组合状况、充填物性质控制，单独或相互组合构成局部或大范围岩体稳定控制边界	Ⅲ1	陡倾角裂隙	裂隙延伸长度大于 20 米，常以陡倾、中缓倾结构面出现，一般裂面起伏，有岩屑充填	L200、L257、L320	
				Ⅲ2	中陡倾角裂隙	裂隙延伸长度为 10～20 米，裂面起伏充填岩屑及少量粘土，裂隙率相对较低，主要发育在左岸陡倾和缓倾裂隙中	L223	
				Ⅲ3	缓倾角裂隙	裂隙延伸长度＜10 米，基体发育最多、最密，左岸裂面多平直闭合或微张充填岩屑及少量粘土，在右岸裂面起伏半闭合或局部微张，裂面多氧化物渲染，附有泥膜、钙膜		
Ⅳ	溶蚀带	发育在碳酸盐岩中，不同结构体中溶蚀程度相差极大，几毫米至数十米不等	强度受组合状况、充填物性质控制，单独或与其他结构面组合构成局部或大范围岩体稳定控制边界	Ⅳ1	溶蚀洞穴	基体中洞穴高度大于 0.5 米的溶洞，主要存在两岸地基中等～强发育带内，水平大型溶洞分布在 570～610 米内，落水洞在 610～660 米		
				Ⅳ2	溶蚀裂隙	构造裂隙或层面受地下水侵蚀，溶蚀宽度或高度 0.5～50 cm，原裂隙被溶蚀拓宽后往往充填粘土，该类结构面主要分布于河床基体中，少数在岸坡基体		
				Ⅳ3	溶蚀晶孔	主要是指孔径仅几毫米至几厘米的溶孔和晶洞，部分充填泥质，连通性差，主要分布在河床 475.00 米以下		

Ⅱ3 类:碎屑带内薄层状白云岩与灰质白云岩,岩体呈镶嵌状。延伸长度 50～100 m,性状受物质组成和密实程度控制。如右 Jc2－A、Jc2－B、Jc3－A、Jc4－c。

Ⅱ4 类:碎屑带内岩体呈镶嵌状构造角砾,角砾粒径 1～5 mm,钙质胶结有氧化物浸染。裂隙发育,碎块 1～4 cm,有岩屑、泥质物充填,延伸长度 8～50 m。性状受物质组成和密实程度控制。如右 Jc5－A、右 Jc8－A、右 Jc6、16、17－B、右 Jc24－c、Jc41－A、Jc21－B、左 Jc9 等。

3. Ⅲ类结构面

指坝区岩体中大量分布的断续延伸节理,根据其延伸程度可分为三个亚类。

Ⅲ1 类:裂隙延伸长度大于 20 米,在坝区常以陡倾、中缓倾结构面出现,一般裂面起伏,有岩屑充填,它可单独构成局部岩体稳定的控制边界,强度受裂面性状及起伏控制。如右岸 19～22＃坝段下游边坡体内的右 L200、L257、L320 沿 SE 方向延伸长度分别达 69 m、75 m、50 m。左岸 L225 延伸长度 22 m。

Ⅲ2 类:裂隙延伸长度为 10～20 米,裂面起伏充填岩屑及少量粘土,这类裂隙在坝区相对较少,主要发育在左岸,陡倾和缓倾裂隙中均有出现,强度受裂面起伏及充填物控制。如 L223。

Ⅲ3 类:裂隙延伸长度＜10 米,此类裂隙是坝区最常见、最多、最密的缓倾角裂隙。在左岸裂面多平直闭合或微张充填岩屑及少量粘土,在右岸裂面起伏半闭合或局部微张,裂面多氧化物渲染,附有泥膜、钙膜,相互组合可控制大范围或局部岩体稳定性,其强度受裂面组合状况和性质控制。

4. Ⅳ类结构面

指在碳酸盐岩中遭受不同溶蚀程度的结构体,按其溶蚀程度分三个亚类。

Ⅳ1 类:基体中洞穴高度大于 0.5 米的溶洞,主要存在于两岸地基中等～强发育带内。水平大型溶洞分布在 570～610 米内,落水洞在 610～660 米。

Ⅳ2 类:构造裂隙或层面受地下水侵蚀,溶蚀宽度或高度 0.5～50 cm,原裂隙被溶蚀拓宽后往往充填粘土。该类结构面主要分布于河床基体中,少数在岸坡基体。

Ⅳ3 类:主要是指孔径仅几毫米至几厘米的溶孔和晶洞,部分充填泥质,连通性差。主要分布在河床 475.00 米以下。

4.2.2　按性状分类

坝区结构面分类从性状上可按结构面内有无充填物质分成两大类:硬质刚性结构面(无充填)和软弱结构面(有物质充填)。但坝区可溶岩中发育的溶蚀结构面在性状上既不同于无充填的硬质刚性结构面,也有别于有物质充填的软弱结构面,其空间分布规律及组合情况对基体坚固与稳定性及渗漏稳定性影响极大,因此在按性状分类时有必要将其单独列出。另外,对结构面按性状进行分类时应同时考虑可能构成坝基抗力体边界的结构面,一是底滑面(以中缓倾结构面为特征),二是侧裂面(以陡倾结构面为特征)。因此从工程意义上,针对这两大类型结构面,对上述硬质刚性结构面、软弱结构面各自的物质组成再进行细分。同时鉴于陡倾的断层主错带(面)和中缓倾的层间挤压错动带(面)在力学性质上的相似性,在强度参数取值时,将两者合并一起考虑。具体可将坝区各种结构面归成三大类七个亚类,见表 4-10。

表 4-10 坝区结构面按性状分类

类别	亚类代号	风化卸荷	地质类型	结构面特征	代表性结构面
刚性结构面	A1	微～新	新鲜硬接触构造裂隙	裂面平直光滑或局部不平,多闭合无充填,结合较紧密,强度较高	中陡角构造裂隙、平直闭合无充填缓倾角裂隙
	A2	微风化	无充填硬接触构造裂隙	裂面起伏不平,裂面多氧化物渲染,局部裂面附钙膜,强度中等	起伏不平微张开无充填缓倾角裂隙
软弱结构面	B1	弱～微风化	夹泥型裂隙	裂面起伏或平直,微张,以碎屑或泥质物充填为主,其次是泥膜或粘土,局部溶蚀张开度 1～10 mm	L223、L432、L200、L320 等构造裂隙、裂面起伏不平局部溶蚀充填泥、钙质薄膜缓倾角裂隙
	B2		断层主错带	断层呈舒缓波状,由糜棱岩、角砾岩、块状岩、片理化岩、断层泥等组成,未胶结至胶结挤压较紧密	F5、F7
	B3		层间错动带	构造角砾岩与糜棱岩,角砾 1 mm～3 cm,局部夹沥青质碎片或碎屑,碎裂结构,胶结差,裂隙发育,裂面附吸泥膜,部分充填泥质物	左 JC2-C、JC21-3-C、JC21-2-B、右 JC2-A、右 JC3-A、Jc7-B 等
溶蚀结构面	C		溶蚀洞穴或孔	发育在碳酸盐岩中,原裂隙断层带中可溶性角砾岩被溶蚀拓宽充填粘土或成较大洞穴	溶洞、落水洞、溶孔溶穴

1. 刚性结构面

指针对微～新及弱卸荷岩体中可能构成底滑面和侧裂面的各种结构面,就是微～新岩体中的“新鲜硬接触节理裂隙(A1)”和微风化岩体中的“无充填硬接触节理裂隙(A2)”。

新鲜硬接触节理裂隙(A1):裂隙面平直光滑,微风化～新鲜,结合紧密,有一定胶结,强度较高。代表性结构面为:① N50～70°E/NW∠55～75°,层面裂隙;② N15～35°W/SW∠50～75°、N50～70°W/NE∠45～65°中等倾角构造裂隙;③ N40～50°E/

SE∠12～28°缓倾角裂隙。

无充填硬接触节理裂隙(A2)：节理裂隙微～弱风化，无充填，无胶结，面较平直粗糙，裂面多氧化物渲染，局部裂面附钙膜，强度中等。代表性结构面为：

左岸 SN /W ∠5～10°、N45～50°E/SE 或 NW∠10～30°；右岸 N45～50°E/SE 或 NW∠10～30°缓倾角裂隙。

2. 软弱结构面

指可能构成底滑面或侧裂面的结构面，按组成物质及错动强度可归成“夹泥型裂隙面(B1)”“断层主错带(B2)和层间挤压错动带(面)(B3)”三个亚类。

夹泥型裂隙面(B1)：指弱风化带内层面裂隙及其他结构面。裂面起伏或平直微张，充填岩屑、碎屑及少量粘土或泥质物充填的构造裂隙；左岸个别倾 SE 的缓倾角裂隙，裂面起伏，岩屑及少量粘土充填；河床坝基缓倾角裂隙裂面起伏不平，局部有溶蚀，张开度 1～10 mm，充填泥、钙质薄膜或岩屑为主，少数充填泥膜或粘土。

断层主错带(B2)：断层呈舒缓波状，由糜棱岩、角砾岩、块状岩、片理化岩、断层泥等组成，未胶结至胶结挤压较紧密。最具代表性的是 F5、F7 断层。

层间挤压错动带(B3)：构造角砾岩与糜棱岩，角砾 1 mm～3 cm，局部夹沥青质碎片或碎屑，碎裂结构，胶结差，裂隙发育，裂面附吸泥膜，部分充填泥质物。代表性错动面：左 JC2－C、JC21－3－C、JC21－2－B、右 JC2－A、JC3－A、Jc7－B。

3. 溶蚀结构面

指发育在碳酸盐岩中，原裂隙断层带中可溶性角砾岩被溶蚀拓宽，改变充填性质充填粘土或成较大洞穴。

4.3　坝基岩体质量分级

岩体质量分级方法种类众多，既有简单的单因素分级法，如 Deer 的 RQD 分级法、弹性波速法(日本，1983)、岩石湿抗压强度分级法及基于分维数 D 的分级法等；又有工程界应用广泛的多因素分级法，如 Q 系统分级法、RMR 系统分级法、Z 系统分级法、水电围岩分类及 BQ 分级方法等，这些分类方法考虑的因素较多，比单因素分级法更接近实际，因而在具体工程中应用较广。

4.3.1　分级因素的选择

岩体质量分级因素的选择应遵循以下几条原则：(1) 能全面反映岩体质量的优劣；(2) 具可操作性；(3) 所有分级指标尽量用客观量化参数表征，减少主观评分；(4) 分级指标应易于求取。

针对武都水库坝区上述工程地质条件及岩体本身特点的分析，控制坝基岩体质量的主要因素有：(1) 岩性；(2) 岩体结构；(3) 岩体紧密程度；(4) 风化卸荷；(5) 结构面性状；(6) g(层间错动带)、岩溶及 KL(溶蚀裂隙)发育程度(间距)。

指标岩性以岩石湿抗压强度 Rc 表示；岩体结构用岩石质量指标 RQD 或岩体块度指标 RBI 表示；岩体紧密程度(赋存条件或围压效应)可用弹性波速 Vp 或岩体完整性系数 Kv 表示；结构面性状可用 Jr/Ja(粗糙度/蚀变度)表示。

4.3.2 岩体质量单因素分级

根据武都水库坝区工程地质特点，本文从岩石质量、风化卸荷、岩体结构、岩体纵波波速四个方面对坝基岩体质量进行单因素分级。考虑 SL 及 KL 对坝基岩体质量的影响，分析其发育间距对岩体质量的弱化效应。

1. 岩石质量分级

岩石质量综合地反映了岩石性质的诸方面，如组成矿物成分及风化作用对岩石性质的改造程度，它直接影响到岩体的强度和变形。

本工区坝基持力层为泥盆系白石铺群观雾山组 D_2^1～D_2^9 层白云岩、灰岩，岩体结构整体属中至厚层夹薄层状结构，岩体强度高，湿抗压强度除个别接近 60 MPa 外，绝大多数均大于 60 MPa，属坚硬岩类(见表 4－11)。

表 4－11　武都水库岩性分类及岩石湿抗压强度表

岩　性	风化特征	湿抗压强度(MPa)	软化系数	分　级
白云岩	弱风化	73.8	0.83	坚硬
	微风化	92.3	0.85	
灰岩	弱风化	60.4	0.75	坚硬
	微风化	75.7	0.82	

2. 岩体风化卸荷程度划分

坝基岩体风化卸荷程度的合理划分，不仅有助于岩体质量准确合理分级，而且对建基面的确定也具重要意义。

(1) 风化程度划分：

坝基岩石以 D_2^5 白云岩为主，其次为灰岩。岩石风化主要受地貌影响，其次受岩溶、风化溶蚀和断层、层间错动带发育影响，局部地段存在囊状风化。根据岩石颜色、光泽、岩体结构、岩体完整性、节理面锈染蚀变程度以及岩体纵波速等，可将坝区岩体划分为强风化、弱风化和微风化三级，具体特征见表 4－12。

表 4-12　基体岩体风化程度特征划分表

风化程度	颜色光泽	裂面性状	结构特征	结构面性状系数	纵波速 Vp(m/s)	纵波速比	完整程度	完整系数 Kv
强风化	多变色，失去光泽，局部断口保持矿物颜色和光泽	裂面一般平直粗糙，严重溶蚀和锈染，以碎屑或泥质物充填	溶蚀、风化裂隙发育，镶嵌碎裂状结构	0.6～1	<3 580	0.4～0.6	差～较破碎	0.19～0.22
弱风化	仅部分裉色	上部裂面多溶蚀开口，下部多微张或局部闭合，充填泥质物	风化裂隙发育频率 0.91 条/m，次块状结构	1～1.5	3 580～4 800	0.6～0.8	较完整～完整	0.27～0.67
微风化	总体新鲜，个别失去光泽	裂面多闭合，局部微张无充填	裂隙不发育，为块状结构	3～5	>4 800	0.8～1.0	完整	0.48～0.88
备注	受岩溶影响，局部地段存在囊状风化							

（2）卸荷带划分：

卸荷岩体产生于地形较陡地段，岩体松驰，带内裂隙较发育，隐微裂隙和次生裂隙显现，构造裂隙普遍张开，常充填岩屑及次生泥，完整程度差。以卸荷裂隙张开宽度及其发育密度、宽度与充填物、岩体结构和岩体声波速度，可将坝区岩体划分为强卸荷、弱卸荷发育带。具体划分特征见表 4-13。

表 4-13　卸荷带划分特征表

卸荷带	平硐编号	卸荷带宽度/m	卸荷带特征	岩体纵波速 V_P(m/s)	完整系数 K_V	发育位置
强卸荷带	PD20	38	裂面风化呈褐黄色，裂隙宽度 1～5 mm，褐黄色粘土、岩屑充填	2 000～2 500	0.11～0.17	左岸
	PD11	31.8	岩石碎块 2～5 cm，裂隙发育，裂隙宽度 2～5 mm，黄色粘土、岩屑充填	1 500～2 500	0.06～0.17	左岸
	PD12	13.0		2 000～2 500	0.11～0.17	左岸
	PD10	7.5	裂面风化呈褐黄色，裂隙宽度 5～10 cm，岩屑充填	1 500	0.13	右岸
	PD19	39	岩石破碎，裂面风化，裂隙宽度 2～5 cm，岩屑充填	2 442	0. 17	右岸

续表 4-13

卸荷带	平硐编号	卸荷带宽度/m	卸荷带特征	岩体纵波速 V_P(m/s)	完整系数 K_V	发育位置
弱卸荷带	PD13	17	裂面风化呈褐黄色，裂隙宽度 1～10 mm，黄色粘土、岩屑充填	2 800	0.22	左岸
	PD14	32.5	裂面风化呈褐黄色，裂隙宽度 5～10 mm，粘土、岩屑充填	2 800	0.22	右岸

3. 岩体结构分级

岩体结构是制约岩体力学特征、影响岩体质量的重要因素。坝基岩体为泥盆系中统观雾山组(D_2^3～D_2^9)沉积岩，岩性主要为灰岩、白云质灰岩、白云岩，层状结构，以中厚层为主，间夹厚层和薄层，坝基岩体属中厚层状结构，断层破碎带、裂隙密集带、爆破影响带属碎裂结构，溶蚀带、溶洞充填物属散体结构。通过对坝区岩体结构的统计分析，结合层状岩体结构特点，得出坝区岩体主要的结构类型、特征及对应的量化参数值，见表 4-14。

表 4-14　坝区岩体结构类型划分特征表

结构类型	亚类	岩体性质	裂隙率(条/米)	RQD/%	纵波速(m/s)	波速比	完整程度	完整系数 Kv
块状结构中厚层	整体块状结构	微风化～新鲜	0.41～0.73	74.9～88	5 003～5 473	0.83～0.96	完整	0.81～0.96
	次块状结构	微风化	0.6～0.8	74～80	4 435～5 409	0.80～0.90	较完整～完整	0.65～0.92
层状结构	中厚～互层状结构	弱风化	0.7～1.2	58.9～67.4	4 000～4 780	0.67～0.80	性差～较完整	0.45～0.64
	互层状结构	弱风化	0.79～1.58	56～68	2 864～3 873	0.52～0.70	差～较完整	0.27～0.50
碎裂结构	碎裂结构	强风化	2～4	20～30	2 960～3 523	0.49～0.64	差～较破碎	0.24～0.31
散体～碎裂结构		断层破碎带、裂隙密集带、爆破影响带	2～4	10～20	1 785～2 760	0.33～0.46	较破碎～破碎	0.17～0.21
散体结构	碎块状结构	溶蚀带、溶洞充填物						

4. 岩体纵波速度分级

岩体纵波波速的高低受岩体完整性、岩石强度、风化卸荷、地下水状况以及围压状态下的紧密状态等多种因素制约，因此它是表征岩体质量的一项综合指标。相比较而言，影响纵波波速最重要的因素是坝区岩体所赋存的地质环境，即围压状态作用下的岩体紧密状态。

通过对已测声波数据的详细分析，剔除明显不合理数据点，最终得出岩体不同岩性岩级波速平均值和界限值，并根据现场地质条件，各级岩体所对应的波速取值确定为：Ⅱ级岩体 Vp＞5 200 m/s；Ⅲ1 级岩体 5 200 m/s＞Vp＞4 900 m/s；Ⅲ2 级岩体 4 900 m/s＞Vp＞4 400 m/s；Ⅳ级岩体 4 400 m/s＞Vp＞4 000 m/s；Ⅴ级岩体 Vp＜3 000 m/s。岩体综合质量分级的声波速度界限值见表 4－15。

表 4－15　坝区综合岩体质量声波速度分级

岩体级别	风化特征	纵波波速 Vp(m/s)	波速比	完整程度	完整性系数 Kv
Ⅱ	微风化	＞5 200	＞0.86	完整	＞0.75
Ⅲ1	微风化	4 900～5 200	0.83～0.86	较完整	0.69～0.75
Ⅲ2	弱风化	4 400～4 900	0.74～0.83	较完整	0.55～0.69
Ⅳ	弱风化	4 000～4 400	0.67～0.74	较破碎	0.45～0.55
Ⅴ	强风化	＜3 000	＜0.5	破碎	＜0.25

5. 岩溶对岩体质量的影响

坝基岩体岩性主要为灰岩、白云质灰岩、白云岩，可溶岩中的溶蚀结构体(面)使坝基岩体呈现非连续性和非整体性，导致岩体质量变差，岩体力学参数急剧降低。显然溶蚀结构体(面)的特征及空间分布规律不同组合情况，对岩体质量的影响是极不相同的。溶蚀洞穴、溶蚀带使岩体为散体或碎裂结构，溶孔、晶洞及溶蚀裂隙(KL)对岩体质量的影响主要体现在其发育间距上，见表 4－16。

表 4－16　岩溶对原岩体级别影响

原岩级别	影响因素	相对应岩级
Ⅱ	溶蚀洞穴	Ⅴ
Ⅱ	溶蚀裂隙、溶孔	Ⅲ1(KL＜1)
		Ⅲ2(KL＝1～3)

4.3.3 岩体质量多因素综合分级

岩体质量取决于多种影响因素耦合作用，各因素对岩体力学性质影响程度不同，主导因素的控制作用常会因其他因素变化而改变，不同因素之间相互制约、相互影响，共同决定了岩体质量等级。显然任何单一因素的分级都难以反映岩体整体特性，必须同时考虑几个因素对坝基岩体质量的影响，采用多因素综合评判方法，系统地对岩体工程性状进行评价，进而建立完善的工程岩体质量体系。

1. 分级方法

(1) MZ 分级法

根据坝区地质特点，将谷德振、黄鼎成提出的 Z 系统 6 因素分缀法加以改进，在分级过程中仅考虑岩石湿抗压强度 Rc、岩石质量指标 RQD、结构面性状（用粗糙度 Jr 和蚀变度 Ja 之比表征）、岩体完整性系数 Kv 共四个因素的影响。并用如下公式求取岩体质量综合指标 MZ 值：

$$MZ = Rc \cdot RQD \cdot (Jr/Ja) \cdot Kv$$

由求得的 MZ 值按表 4－17 划分岩体质量等级。在此基础上再结合 IV 级岩体的卸荷程度、岩溶发育状况再做调整。本文主要采用 MZ 分级法进行坝基岩体质量的多因素综合分级。

表 4－17　由 MZ 总评分数确定岩体级别表

MZ 总评分	岩体级别	评　价
＞80	Ⅱ	优
40～80	Ⅲ1	良
16.5～40	Ⅲ2	中
1～16.5	Ⅳ	差
＜1	Ⅴ	劣

(2) Q 系统（Barton）分级

主要考虑六个因素：① 岩石质量指标 RQD；② 节理组数系数 Jn；③ 节理面粗糙度系数 Jr；④ 节理面蚀变度系数 Ja；⑤ 节理水折减系数 Jw；⑥ 应力折减系数 SRF。用上述六个指标对岩体质量进行评分，以其乘积求得 Q 值（如下式），最后由所得 Q 值按表 4－18 划分岩体级别。

$$Q=\left(\frac{RQD}{Jn}\right)\times\left(\frac{Jr}{Ja}\right)\times\left(\frac{Jw}{SRF}\right)$$

式中：$\frac{RQD}{Jn}$—岩石的块度；$\frac{Jr}{Ja}$—嵌合岩块的抗剪强度；$\frac{Jw}{SRF}$—岩石主动应力。

(3) RMR（Z. T. Bieniaski）地质力学分级

方法亦是六因素评分法：① 岩石单轴抗压强度；② 岩石质量指标 RQD；③ 裂隙间距；④ 裂面性状；⑤ 地下水状态；⑥ 裂隙产状与洞轴线的关系。求得的 RMR 值按表 4－19 确定岩体质量等级。

表 4-18　由 Q 值确定岩体级别表

Q 值	岩体级别	评　价
＞40	Ⅰ	很好
10～40	Ⅱ	好
4～10	Ⅲ	一般
1～4	Ⅳ	差
＜1	Ⅴ	很差

表 4-19　由 RMR 总评分数确定岩体级别表

RMR 总评分	岩体级别	评　价
100～81	Ⅰ	非常好
80～61	Ⅱ	好
60～41	Ⅲ	一般
40～21	Ⅳ	差
＜20	Ⅴ	非常差

2. 具体分级及评价

根据上述方法对坝区岩体质量等级进行了定量划分及评价。分级结果见表 4-20。按上述三种分级方法的分级结果基本接近，但少数也有差别，故对坝区岩体质量分级结果进行综合统一是必要的。综合分级原则如下：

表 4-20　坝基岩体质量综合分级结果表

位　置	桩号/m	长度/m	RMR 值	Q 值	MZ 值	级　别			综合分级
						RMR	Q	MZ	
PD1	0～18	18	34	1.5	2.45	Ⅳ	Ⅳ	Ⅳ	Ⅳ
	18～35.9	17.9	47	5	53	Ⅲ	Ⅲ	Ⅲ1	Ⅲ1
PD9	0～20	20	26	2.6	18	Ⅳ	Ⅳ	Ⅳ	Ⅳ
	20～41	21	49	8	38	Ⅲ	Ⅲ	Ⅲ2	Ⅲ2
PD10	0～28	28	32	2.9	14.3	Ⅳ	Ⅳ	Ⅳ	Ⅳ
	28～40	12	18	0.82	3.8	Ⅴ	Ⅴ	Ⅳ	Ⅴ
	40～63	23	36	3.8	12.6	Ⅳ	Ⅳ	Ⅳ	Ⅳ
	63～79	16	16	0.75	0.68	Ⅴ	Ⅴ	Ⅴ	Ⅴ
	79～104	25	55	7.6	35.6	Ⅲ	Ⅲ	Ⅲ2	Ⅲ2
	104～126	22	19	0.95	14.1	Ⅴ	Ⅴ	Ⅳ	Ⅴ

续表 4-20

位　置	桩号/m	长度/m	RMR 值	Q 值	MZ 值	级　别			综合分级
						RMR	Q	MZ	
PD13	0～16	16	27	3.3	12.3	Ⅳ	Ⅳ	Ⅳ	Ⅳ
	16～51	35	48	6	46	Ⅲ	Ⅲ	Ⅲ1	Ⅲ1
	51～58	7	17	0.89	0.5	Ⅴ	Ⅴ	Ⅴ	Ⅴ
	58～86	28	53	8	36	Ⅲ	Ⅲ	Ⅲ2	Ⅲ2
	86～122	36	75	38	91	Ⅱ	Ⅱ	Ⅱ	Ⅱ
	122～340	118	83	61	98	Ⅰ	Ⅰ	Ⅱ	Ⅱ
PD14	0～20	20	22	3.7	11.8	Ⅳ	Ⅳ	Ⅳ	Ⅳ
	20～50	30	48	6.9	36.0	Ⅲ	Ⅲ	Ⅲ2	Ⅲ2
	50～82	32	58	5.6	75	Ⅲ	Ⅲ	Ⅲ1	Ⅲ1
	82～118	36	65	32	61	Ⅱ	Ⅱ	Ⅲ1	Ⅲ1
	118～148	30	92	57	86	Ⅰ	Ⅰ	Ⅱ	Ⅱ
	148～156.3	7.3	18	0.74	11.8	Ⅴ	Ⅴ	Ⅳ	Ⅴ
PD15	0～16	16	22	3.0	11.4	Ⅳ	Ⅳ	Ⅳ	Ⅳ
	16～52	36	42	7	28	Ⅲ	Ⅲ	Ⅲ2	Ⅲ2
	52～92.5	40.5	62.4	28	75	Ⅱ	Ⅱ	Ⅲ1	Ⅲ1
PD11	0～19	19	23	2.8	11.7	Ⅳ	Ⅳ	Ⅳ	Ⅳ
	19～46	27	42.8	5.6	14.8	Ⅲ	Ⅲ	Ⅳ	Ⅳ
	46～85	39	52	8.6	17.7	Ⅲ	Ⅲ	Ⅲ2	Ⅲ2
	85～143	58	63	22	35	Ⅱ	Ⅱ	Ⅲ2	Ⅲ2
	143～175.6	32.6	76	34	55	Ⅱ	Ⅱ	Ⅲ1	Ⅲ1
PD12	0～22	22	31	2.1	7.6	Ⅳ	Ⅳ	Ⅳ	Ⅳ
	22～47	25	51	6.8	13.5	Ⅲ	Ⅲ	Ⅳ	Ⅳ
PD18	0～18	18	22	1.76	3.5	Ⅳ	Ⅳ	Ⅳ	Ⅳ
	18～42	24	51	8.3	23.8	Ⅲ	Ⅲ	Ⅲ2	Ⅲ2
	42～46	4	13	0.64	11.7	Ⅴ	Ⅳ	Ⅴ	Ⅴ
PD20	0～16	16	34	3.7	8.5	Ⅳ	Ⅳ	Ⅳ	Ⅳ
	16～60	44	54	7.9	35.8	Ⅲ	Ⅲ	Ⅲ2	Ⅲ2
	60～87	27	25	0.89	5.6	Ⅳ	Ⅴ	Ⅴ	Ⅴ

(1) 三种分级结果一致，则以三种分级结果为准。

(2) 三种分级结果并不完全一致，只有其中两种分级结果相同，原则上以两种相同结果为准，特殊情况除外。

(3) 三种分级结果各不相同，则应结合野外地质特征，据实际情况重新描述分析判别或相互对比综合判定。

由上述分级结果可知：

(1) 坝区岩体质量总体较好，平硐岩体质量以Ⅲ1、Ⅲ2、Ⅳ级为主。

(2) 同一平洞内，随着平洞的加深，RMR 值、Q 值及回 Z 值有逐渐增加的趋势，岩体质量变好，局部由于受岩溶影响，质量变差，岩体以Ⅴ级为主，这一特点与野外定性分析一致。

4.4 坝基岩体质量工程地质分类

坝基持力层为泥盆系白石铺群观雾山组 D21～D29 层白云岩、灰岩，岩体强度高，属坚硬岩体。按《水利水工程地质勘察规范》(GB50287—99)附录 L 进行坝基岩体工程地质分类，考虑因素有风化、卸荷、岩石强度、岩体结构、岩体完整性，以及各类软弱结构面发育程度、力学性质，岩溶发育程度，将坝基岩体质量划分为：AⅢ1、AⅢ2、AⅣ2、AⅤ共 4 类，各类岩体的具体分类情况见表 4-21。

AⅢ1 类：微风化带岩体，灰岩饱和抗压强度 75.7 MPa，白云岩饱和抗压强度 92.3 MPa；岩体中结构面不发育，属较完整～完整岩体，为块状结构。

AⅢ2 类：弱风化带岩体，灰岩饱和抗压强度 60.4 MPa，白云岩饱和抗压强度 73.8 MPa；岩体裂隙较发育，岩体较完整～完整性差，为次块状结构；微风化带中的溶蚀带为 AⅢ2 类。

AⅣ2 类：强风化岩体完整性差～较破碎，为镶嵌碎裂状结构。

AⅤ类：断层破碎带、层间错动带、溶蚀带带内岩体破碎，完整性差，呈散体结构。

表 4-21 坝基岩体质量工程地质分类表

类别	地层岩性	风化程度	岩体结构	平均湿抗压强度(R_b)	平均波速	变模	裂隙率	平均RQD	岩溶直线率	分布位置
				MPa	m/s	GPa	条/m	%	%	
AⅢ1	D_2^3 ~ D_2^9 灰岩、白云质灰岩、灰质白云岩、白云岩	微风化	层状结构(厚、中厚及薄层)	102.1	5 250	4.54~6.36	0.7~1.5	67.92	0.009(4、5、12、24、25 号坝段隐伏溶洞发育)	整个坝基爆破开挖松动影响层及弱风化层以下地基,所有检测坝段均有分布
AⅢ2	D_2^5 ~ D_2^8 灰岩、白云质灰岩、灰质白云岩、白云岩	弱风化	中厚层状结构	84.1	4 710	2.61~4.64	0.78~2.14	53.90	0.024(溶蚀裂隙溶孔、晶孔发育)	(12)、(19)、(20)、(24)、(25)坝段
AⅣ2	D_2^3~ D_2^8	爆破影响层、强风化带、断层、层间挤压带	碎裂结构		2 700~4 140		1.48			开挖爆破平台及斜坡表层地带,(19)坝段近河一带,(9)、(10)、(20)、(26)坝段下游面,F_{31} 及 F_{58} 断层破碎带和影响带
AⅤ	D_2^4、D_2^6、D_2^8 灰岩	岩溶发育区	散体结构							左、右岸坝基地表溶洞(编号 KjX)发育部位,主要在(2)、(3)、(4)、(5)、(25)、(26)、(29)坝段

第5章 坝基岩体力学参数取值及建基面确定

经坝区岩体结构面分类、质量分级，在大量现场原位变形及大剪试验的基础上，通过数理统计和相关性分析等手段，对不同性状结构面和各级岩体的变形模量及抗剪强度参数进行了取值研究，并建立起与各类结构面和岩体配套的力学参数指标，从而使结构面分类和岩体质量分级达到定性与定量的完整统一。

5.1 坝基岩石强度

岩石强度资料来源于钻孔岩芯样、少数地表样的室内试验成果，坝基共取样97组，试验成果表明：

弱风化白云岩湿抗压强度73.8 MPa，软化系数0.83；

微风化白云岩湿抗压强度92.3 MPa，软化系数0.85；

弱风化灰岩湿抗压强度60.4 MPa，软化系数0.75；

微风化灰岩湿抗压强度75.7 MPa，软化系数0.82。

以上均属坚硬岩类。

5.2 坝基结构面力学参数取值研究

为了解不同性状结构面的力学特点，在平硐内有针对性地做了一定数量原位变形及大剪试验，并按不同性状结构面进行了归类统计，最终得出了各类结构面相应的力学参数值。

5.2.1 刚性结构面强度参数取值研究

坝区硬质结构面总体可归为两类：(1) 新鲜硬接触节理裂隙(A1)；(2) 无充填硬接触节理裂隙(A2)。根据类似工程经验，采用优定斜率法和最小二乘法分别对这两种硬质结构面强度参数进行分析取值。新鲜硬接触节理裂隙(A1)现场大剪试验共6组，一般为微风化～新鲜的层面裂隙。而无充填硬接触节理裂隙(A2)现场大剪共3组，主要涉及弱卸荷、弱风化岩体中的倾坡外陡倾裂隙。根据τ、σ点群分布图(图5-1～图5-4)，分别按优定斜率法和最小二乘法可得出强度参数基本值：

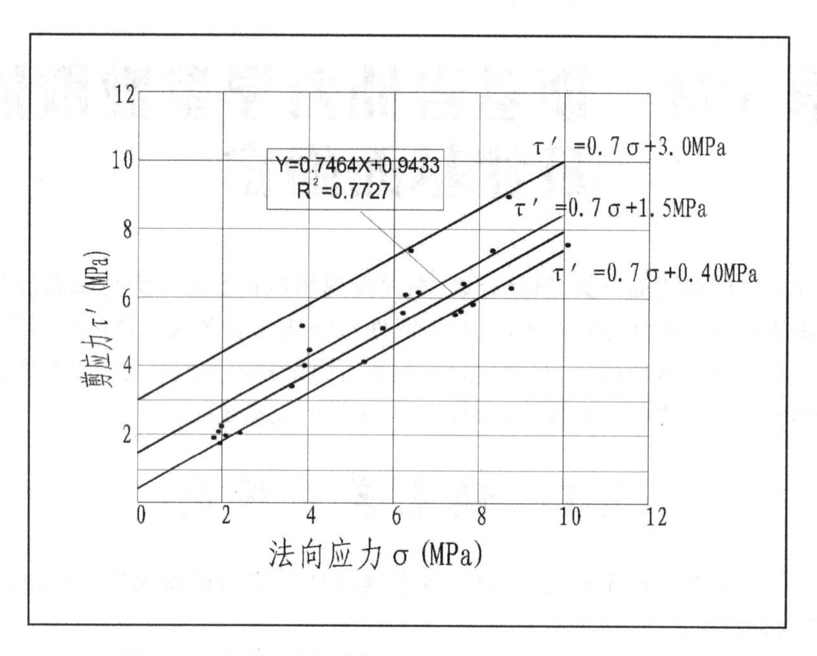

图 5-1　新鲜硬接触节理裂隙(A1)抗剪断强度关系曲线

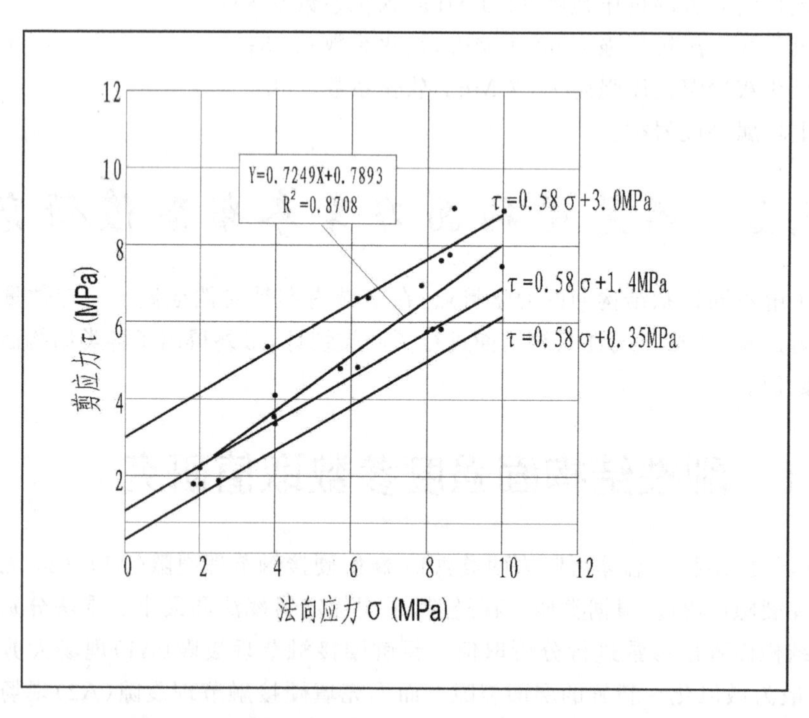

图 5-2　新鲜硬接触节理裂隙(A1)抗剪强度关系曲线

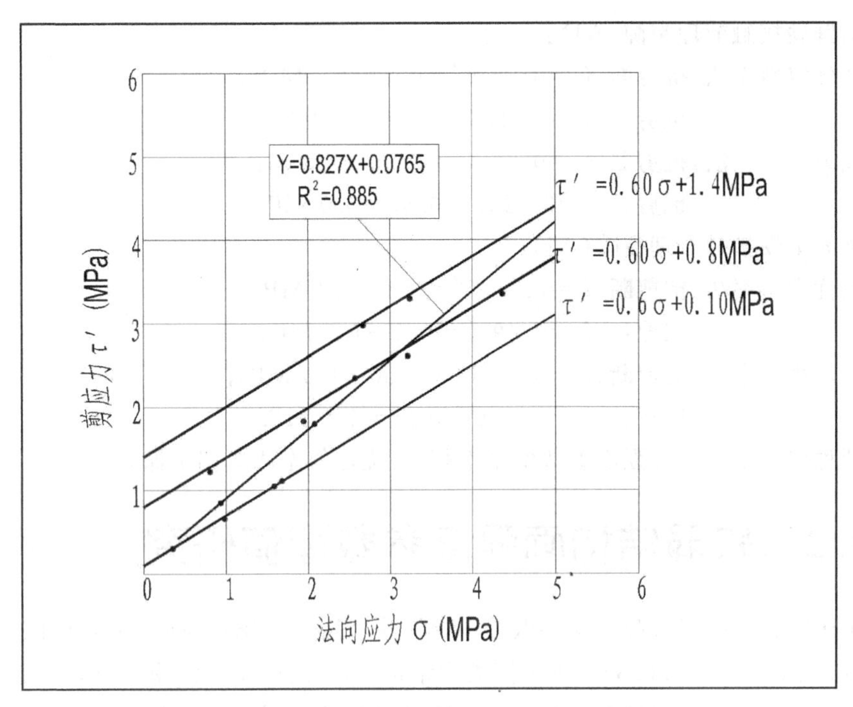

图 5-3　无充填硬接触节理裂隙(A2)抗剪断强度关系曲线

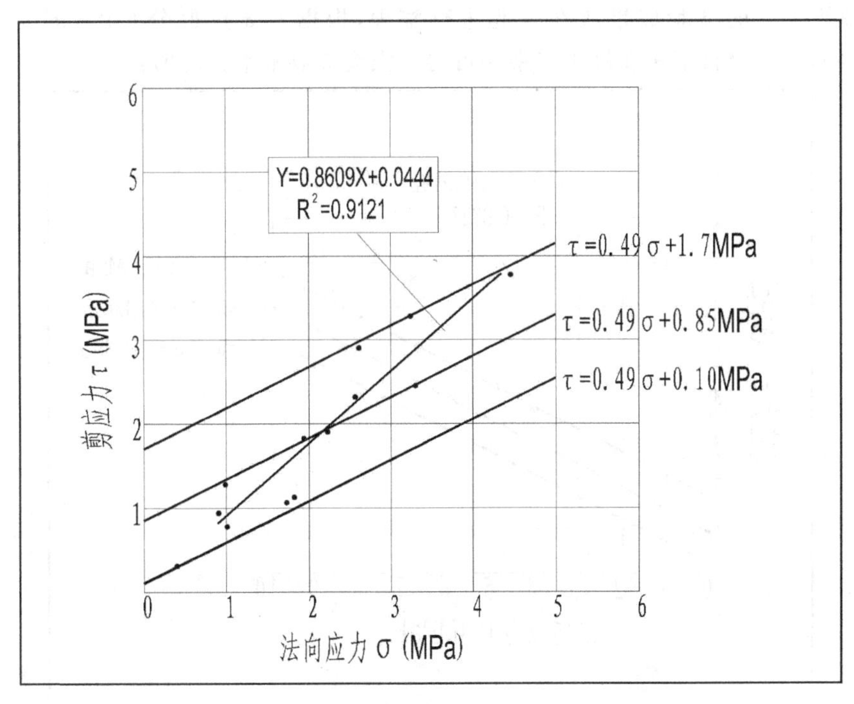

图 5-4　无充填硬接触节理裂隙(A2)抗剪强度关系曲线

新鲜硬接触节理裂隙(A1)：

按优定斜率法：抗剪断：f′=0.70，C′=0.4～3.0 MPa；

抗剪： f=0.58，C=0.3～3.0 MPa。

按最小二乘法：抗剪断：f′=0.75，C′=0.45～3.3 MPa；

抗剪： f=0.62，C=0.40～3.0 MPa。

无充填硬接触节理裂隙(A2)：

按优定斜率法：抗剪断：f′=0.60，C′=0.1～1.4 MPa；

抗剪： f =0.49，C=0.1～1.7 MPa。

按最小二乘法：抗剪断：f′=0.66，C′=0.30～1.9 MPa；

抗剪： f=0.52，C=0.25～1.6 MPa。

两种取值方法所得强度参数值基本相同，优定斜率法略偏于保守。

5.2.2 软弱结构面强度参数取值研究

坝区对软弱层带大剪试验共做了12组，涉及局部夹泥裂隙面(B1)、层间挤压错动带(B2)、断层主错带(B3)三种不同类型结构面，从所得试验结果上看，层间挤压错动带和断层主错带强度参数虽有一定差异但并不明显，主要是粒度成分较相近，因此将两种条件下的试验成果放在一起进行整理，根据 τ、σ 点群分布图(图5-5～图5-8)，按优定斜率法和最小二乘法可得出强度参数基本整理值：

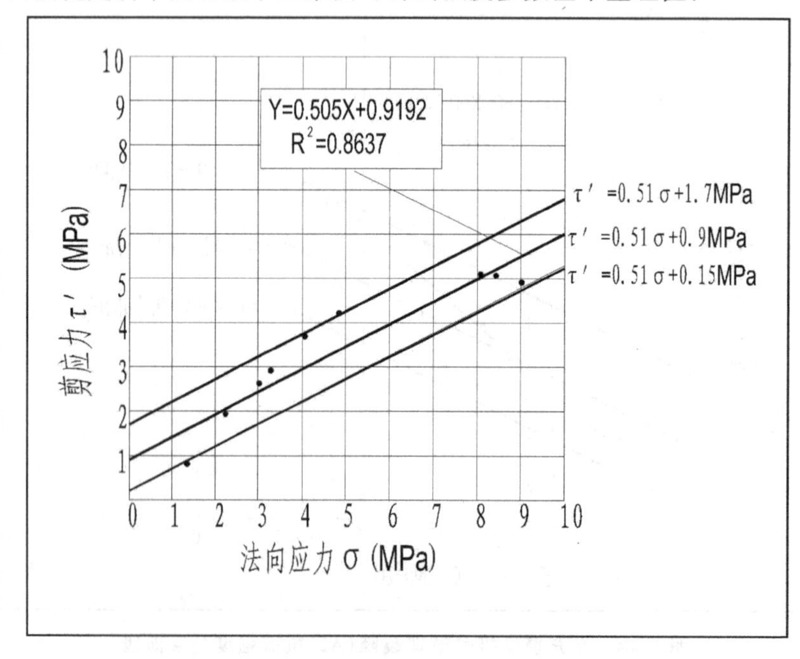

图5-5 局部夹泥裂隙面(B1)抗剪断强度关系曲线

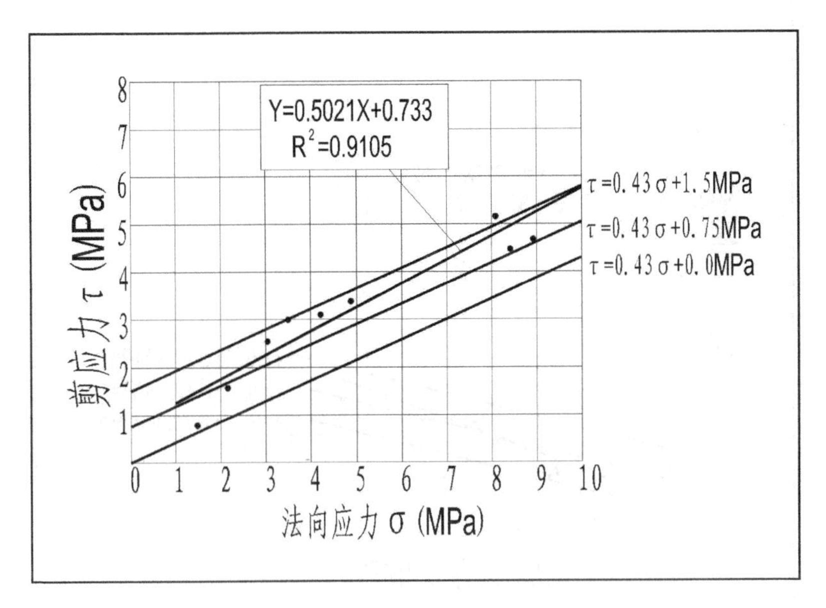

图 5-6 局部夹泥裂隙面(B1)抗剪强度关系曲线

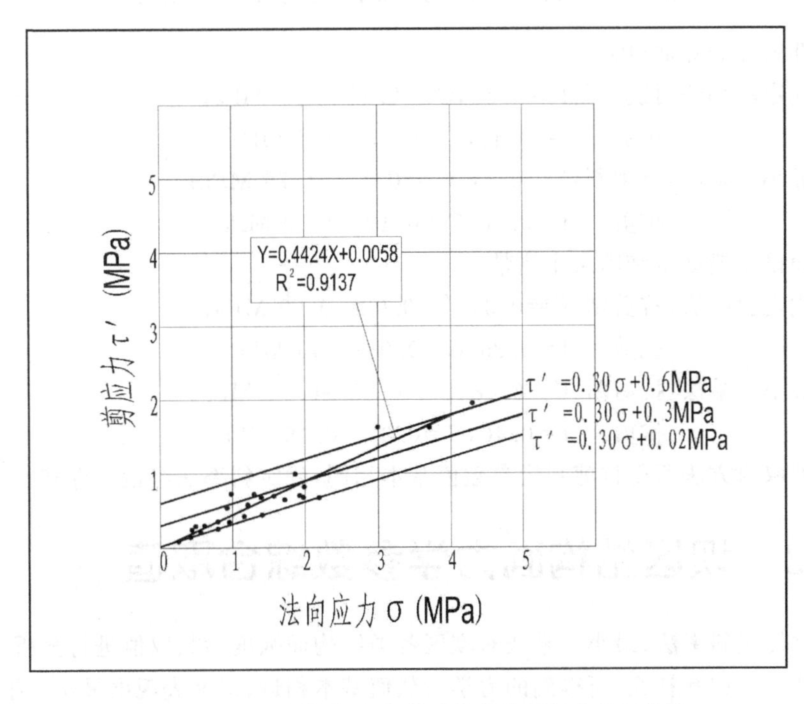

图 5-7 断层主错带、层间错动带抗剪断强度关系曲线

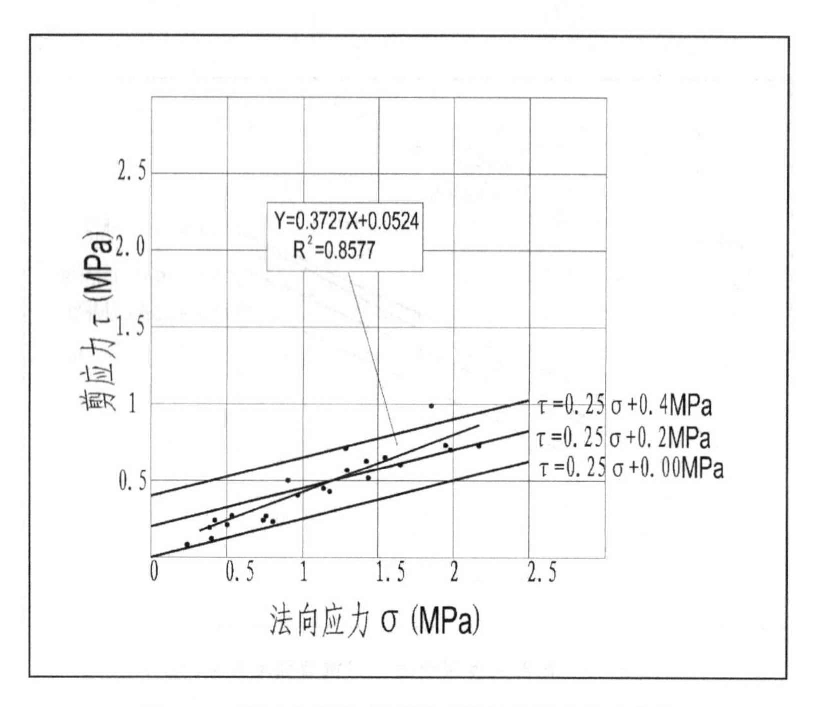

图 5-8　断层主错带、层间错动带抗剪强度关系曲线

局部夹泥裂隙面(B1)

按优定斜率法：抗剪断：f′=0.51，C′=0.15～1.7 MPa；

　　　　　　　抗剪：　f=0.43，C=0.00～1.5 MPa。

按最小二乘法：抗剪断：f′=0.61，C′=0.17～1.76 MPa；

　　　　　　　抗剪：　f=0.46，C=0.10～1.60 MPa。

层间挤压错动带和断层主错带：

按优定斜率法：抗剪断：f′=0.3，C′=0.02～0.60 MPa；

　　　　　　　抗剪：　f=0.25，C=0.0～0.40 MPa。

按最小二乘法：抗剪断：f′=0.48，C′=0.15～0.72 MPa；

　　　　　　　抗剪：　f=0.40，C=0.05～0.45 MPa。

两种取值方法所得抗剪强度参数值基本相同，优定斜率法略偏于保守。

5.2.3　坝区结构面力学参数综合取值

通过优定斜率法、最小二乘法对坝区各类结构面强度参数取值进行分析，两种方法各有特点并相互补充，所得到的力学参数值基本相近，但又表现出最小二乘法得出的 f′要稍高于优定斜率法，而 c′则正好相反。

根据工程经验，为使强度参数取值有足够保证率，通常需对最小二乘法得出的 f′

及 c′进行折减，但考虑到目前对这种折减尚无统一标准，故可能会导致强度参数取值不合理。根据国家电力公司成都勘测设计研究院对二滩等一些大中型水电工程坝区岩体强度参数取值经验表明，岩体或结构面抗剪强度参数按优定斜率法选取是较为合理的。

优定斜率法考虑到试验局限性，即试验点难以全面反映岩体结构特征等具体情况，为避免因某些薄弱单元的累进性破坏而危及岩体的整体安全，在力学参数最终取值时一般采用优定斜率法的下限值，以将岩体的抗剪强度水平限制在组成岩体的大多数基本单元所能承担的范围内，下面按优定斜率法给出力学参数建议值表，见表 5－1。

表 5－1　坝基结构面力学参数建议数据表

名　称	结构面类型	抗剪强度/MPa		抗剪断强度/MPa		岩体变形	
		f	C	f′	C′	弹性模量/Gpa	变形模量/Gpa
断层破碎带	断层角砾岩(胶结)			0.80	0.40	7.0	2.5～3.5
	断层破碎带	0.40	0	0.45	0.10	0.2～0.7	0.1～0.3
层间错动带	岩块岩屑型(A)	0.45	0	0.50	0.10		
	岩屑夹泥型(B)	0.40	0	0.40	0.15		
	泥夹岩屑型(C)	0.35	0	0.37	0.02		
缓倾角结构面	无充填闭合型(A)	0.50	0	0.55	0.20		
	无充填微张型(A′)	0.45	0	0.50	0.10		
	岩屑夹泥型(B)	0.40	0	0.40	0.15		
	泥夹岩屑型(C)	0.35	0	0.37	0.02		

5.3　坝基岩体变形参数取值研究

在上述坝基岩体质量分级基础上，为能使各级岩体配套合理的力学参数指标，对变形模量 Eo，一是按岩体级别进行归类，对各级岩体 Eo 值按数理统计进行分析，并得出具体整理值；二是将所有岩级的 Eo 综合在一起，与反映岩体质量优劣的指标 MZ、Kv、RQD 等做相关分析，建立关系式，并由关系式间接获取各级岩体的 Eo 值。

5.3.1　岩体变形特征分析

坝区共完成有效岩体变形试验 95 点，试验点涵盖了坝区所有岩性及不同风化带，其中平行结构面方向(以下简称“平行方向”)变形点 60 个，垂直结构面方向(以下简称“垂直方向”)变形点 35 个。试验点的布置总体上反映了坝区岩体不同岩性及结构类型特点。

从现场变形试验得出的变形曲线分析，曲线类型大致可归为以下三种：

(1) 准直线型(弹性型)：荷载作用下，变形增量近似等比例增加，P－Wo 关系曲线成线性变化，坝区Ⅱ级及大部分Ⅲ1 级岩体均属此类。

(2) 下凹型(弹塑性型)：荷载作用下，初始变形增量呈近线性增加，即 dp/dwo 为常数，为线弹性；此后随荷载增高，变形表现出加速特征，dp/dwo 逐渐由大变小，P－Wo 关系曲线总体表现为弹塑性。坝区绝大部分Ⅲ2 级岩体均属此类。

(3) 上凹型(塑弹性型)：荷载作用下，初始变形显著，dp/dwo 由小变大，此后随荷载增高，变形增量即近似呈比例增加，dp/dwo 呈一常数，即 P－Wo 又呈线性变化关系，坝区部分Ⅳ级岩体均属此类型。

5.3.2　数理统计法选取各级岩体变形参数

(1) Ⅱ级岩体变形参数取值：

有效的Ⅱ级岩体变形试验共 25 点，其中平行结构面 17 点，垂直结构面 8 点，按平行和垂直方向分别整理，成果见表 5－2。

表 5－2　Ⅱ级岩体变形试验成果统计表

统计方式	统计点数	变形模量 Eo(GPa)	
		Eo(H)	Eo(V)
平均值	17(8)	27.95	32.66
大值平均值	7(3)	38.19	51.80
小值平均值	10(5)	20.78	21.18

(2) $Ⅲ_1$ 级岩体变形参数取值：

有效的Ⅲ1 级岩体变形试验共 21 点，其中水平 15 点，垂直 6 点，以层状～次块状结构为特征，试验整理成果见表 5－3。

表 5－3　Ⅲ1 岩体变形试验成果统计表

统计方式	统计点数	变形模量 Eo(GPa)	
		Eo(H)	Eo(V)
平均值	15(6)	16.95	9.78
大值平均值	7(3)	24.11	12.40
小值平均值	8(3)	10.69	7.17

(3) Ⅲ2 级岩体变形参数取值：

有效的Ⅲ2 级岩体变形试验共 17 点，其中平行点 14 个，垂直点 3 个，主要为弱卸荷岩体。据Ⅲ2 级岩体试验资料整理成果见表 5－4。

表 5-4　Ⅲ2 岩体变形试验成果统计表

统计方式	统计点数	变形模量 Eo(GPa)	
		Eo(H)	Eo(V)
平均值	14(3)	9.31	6.97
大值平均值	4(2)	16.40	8.65
小值平均值	10(1)	6.47	3.60

(4) Ⅳ2 级岩体变形参数取值：

坝区Ⅳ2 级岩体变形试验有效点共 10 个，其中平行点 1 个，垂直点 9 个，主要为左岸深部拉裂集中带岩体，试验整理成果见表 5-5。

表 5-5　Ⅳ2 岩体变形试验成果统计表

统计方式	统计点数	变形模量 Eo(GPa)	
		Eo(H)	Eo(V)
平均值	1(9)	1.40	2.41
大值平均值	(4)		3.72
小值平均值	(5)		1.36

(5) 断层岩岩体变形参数取值：

断层岩最大特点是断层破碎带物质不是松散的散体结构，而是胶结紧密的镶嵌结构，故不论从岩性、岩体完整性及工程力学性质等诸方面，此类岩体均类似于前述的Ⅲ2 级岩体，但鉴于其特殊性而单独列出。断层岩岩体共布置变形试验点 15 个，含平行点 9 个，垂直点 6 个，试验整理成果见表 5-6。

表 5-6　断层岩体变形试验成果统计表

统计方式	统计点数	变形模量 Eo(GPa)	
		Eo(H)	Eo(V)
平均值	9(6)	9.73	8.23
大值平均值	2(2)	21.5	15.20
小值平均值	7(4)	6.37	4.75

(6) Ⅴ级岩体变形参数取值：

本书所指的Ⅴ级岩体实质上就是指散体结构的断层破碎带和层间挤压错动带。已完成的Ⅴ级岩体有效变形试验点共 7 个，含平行点 4 个，垂直点 3 个，试验整理成果见表 5-7。

表 5-7　Ⅴ级岩体变形试验成果统计表

统计方式	统计点数	变形模量 Eo(GPa)	
		Eo(H)	Eo(V)
平均值	4(3)	0.82	0.59
大值平均值	2(2)	1.27	0.77
小值平均值	2(1)	0.37	0.24

各岩级之间变形模量的差异是明显的，而且同岩级模量间除Ⅱ级和Ⅳ2 级外，均表现出平行比垂直方向要高。若均以总体平均计算，Eo(H)/Eo(V)比值一般在1.18～1.73之间。其中以Ⅲ级岩体最为显著，断层岩及Ⅱ级岩体最不明显，其原因可能与坝区较高的地应力作用有关(见表 5-8)。

表 5-8　各级岩体变形参数统计表

变形模量	统计项目	Ⅱ	Ⅲ1	Ⅲ2	Ⅳ2	断层岩	Ⅴ
Eo(H)	平均值	27.95	16.95	9.31	1.40	9.73	0.82
	大值平均值	38.19	24.11	16.40		21.50	1.27
	小值平均值	20.78	10.69	6.47		6.37	0.37
Eo(V)	平均值	32.66	9.78	6.97	2.41	8.23	0.59
	大值平均值	51.80	12.40	8.65	3.72	15.20	0.77
	小值平均值	21.18	7.17	3.60	1.36	4.75	0.24
Eo(H)/Eo(V)		0.86	1.73	1.34		1.18	1.39

5.3.3　坝基岩体变形参数与分级指标间的相关性分析

控制坝基岩体质量优劣的主要指标有四个，反映岩性的岩石湿抗压强度 RC、反映岩体结构类型的岩石质量指标 RQD、反映岩体紧密程度的岩体完整性系数 Kv 及风化卸荷程度。显然上述分级因素必然与相应岩体的变形模量存在某种相关性。考虑到由于风化卸荷程度及岩性差异已间接地反映在岩体结构类型和岩体紧密程度上，因此将主要对 Eo 与 RQD、MZ、Kv 做相关分析。当然从工程施工中需快速判断岩体 Eo，做 Eo、Kv 相关分析更具现实意义。

(1) Eo 与 MZ 相关性分析：

根据坝区岩体变形试验成果选出具有代表性的试验点进行相关性分析，分析结果表明岩体 Eo 与 MZ 间具良好相关性(图 5-9)，Eo 值随 MZ 值的增加而增长，两者呈线性相关。同时得出 Eo 与 MZ 的相关关系式：

$Eo = 0.1651\,MZ + 2.9482$　　$R^2 = 0.7875$　　R——相关系数

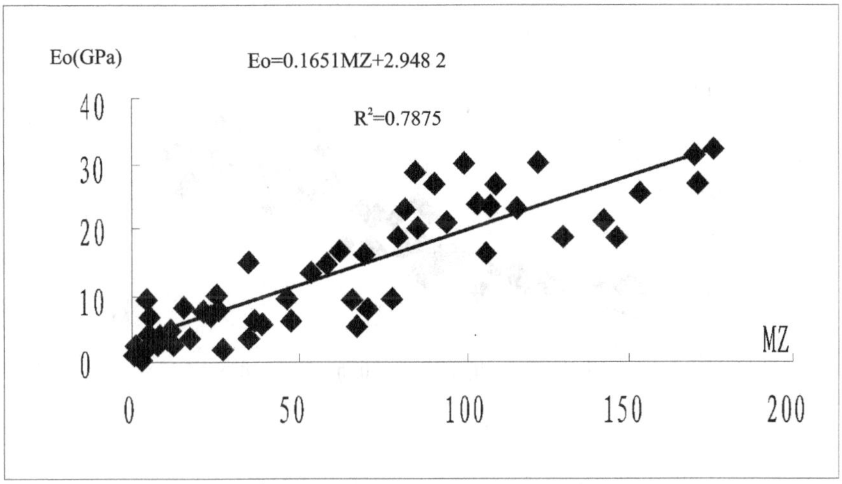

图 5-9　Eo 与 MZ 间相关性图

将不同岩级的 MZ 值代入相关式，即可得出不同质量岩体变形参数参考值见表 5-9。

表 5-9　用 MZ 值计算不同级别岩体的 Eo 值表

岩级	MZ	Eo(GPa)
Ⅱ	＞80	＞16.16
Ⅲ1	40～80	9.55～16.16
Ⅲ2	16.5～40	5.67～9.55
Ⅳ	1～16.5	3.11～5.67
Ⅴ	＜1	＜3.11

(2) Eo 与 Kv 相关性分析：

取 66 个试验点的 Eo 值与 Kv(岩体完整性系数)做相关性分析，结果表明 Eo 与 Kv 间也具较好相关关系（图 5-10)，Eo 随 Kv 的增加而增长，两者呈线性相关。Eo 与 Kv 间存在关系式：

$Eo = 39.372Kv - 8.1752$　　$R^2 = 0.7697$

将不同级别岩体的 Kv 值代入上述相关式，即可得出各级岩体变形模量参考值(表 5-10)。

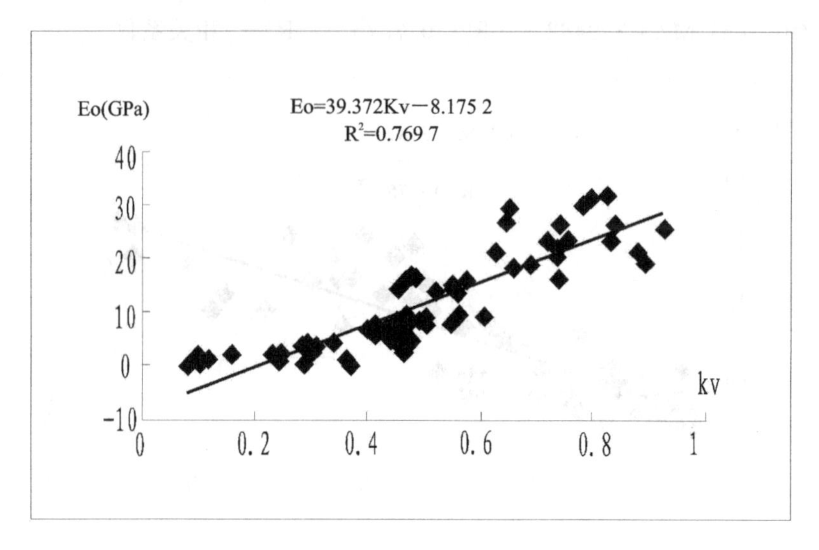

图 5-10 Eo 与 Kv 间相关关系图

表 5-10 用 Kv 值计算不同级别岩体的 Eo 值表

岩级	Kv	Eo(GPa)
Ⅱ	＞0.72	＞20.17
Ⅲ1	0.48～0.72	10.72～20.17
Ⅲ2	0.34～0.55	5.21～13.28
Ⅳ	＜0.29	＜3.24
Ⅴ	＜0.1	0

(3) Eo 与 RQD 相关性分析：

相对 MZ、Kv 而言，Eo 与 RQD 间相关性并不是十分显著，相关性分析图(图 5-11)表明，两者大体呈指数相关，Eo 随 RQD 的增长而增长。当 RQD＜50 时，Eo 随 RQD 的增长速度较慢；当 RQD＞50 时，Eo 随 RQD 的增长速度急剧上升；当 RQD 为 100 时，Eo 值可达 20 GPa 以上。相关性方程为：

$Eo=0.9439e^{0.0317RQD}$　　$R^2=0.5267$

将 RQD 分级界限值代入上述相关性方程可得出各级岩体变形模量参考值(表 5-11)。

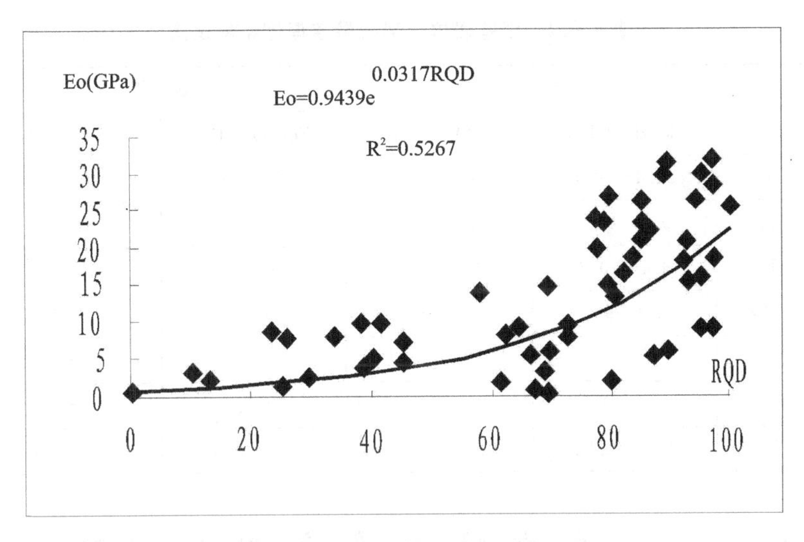

图 5-11　Eo 与 RQD 间相关关系图

表 5-11　用 RQD 值计算不同级别岩体的 Eo 值表

岩级	RQD	Eo(GPa)
Ⅱ	>85	>13.97
Ⅲ1	65～85	7.41～13.97
Ⅲ2	45～65	3.93～7.41
Ⅳ	25～45	2.09～3.93
Ⅴ	<25	<2.09

5.3.4　坝基岩体变形参数综合取值

比较按归类数理统计和相关性分析等方法获取的坝基岩体变形模量 Eo 值，可以看出由两种方式所获得的坝基岩体变形模量除个别岩级差异明显外，总体上同类岩体 Eo 值比较接近。这表明第二种分析方法，即 Eo 与表征岩体质量差异的分级指标 MZ、Kv 及 RQD 等的相关性分析取值是较为合理的。

综合分析表 5-9～表 5-11 并以数理统计结果，取整理值小值平均值和总体平均值为范围值，可得出坝基各级岩体变形模量 Eo 的整理值和建议值，见表 5-12。

表 5-12 坝基岩体变形模量整理值和建议值

岩 级	整理值		建议值	
	Eo(H)(GPa)	Eo(V)(GPa)	Eo(H)(GPa)	Eo(V)(GPa)
Ⅱ	22.4～30.1	19.3～28.1	22～30	19～28
Ⅲ1	9.2～14.6	8.3～12.7	10～15	8～13
Ⅲ2	6.4～10.2	3.6～5.8	6～10	4～6
断层岩	6.4～9.7	4.8～8.2	6～10	4～8
Ⅳ1	～	～	3～4	3～4
Ⅳ2	(1.4)	1.4～2.4	2～3.5	1.4～2.5
Ⅴ	0.37～0.82	0.24～0.59	0.4～0.8	0.2～0.6

5.4 坝基岩体强度参数取值研究

从目前已完成大剪试验的剪应力～剪应变关系曲线上看，不同风化状况岩体均表现出脆性破坏特点，峰值和残余强度值明显。这表明坝区大部分岩体属于弹塑性破坏体。对脆性破坏显著的岩体，按水电工程规范，在强度参数取值分析时，选用峰值强度。按不同级别岩体分别归类，并在完成 τ、σ 点群分布图后，再按优定斜率法和最小二乘法分别取值，得出各级岩体强度参数整理值的基础上，最后按规范给出各级岩体强度参数的最终建议值。

5.4.1 Ⅱ级岩体强度参数取值

已完成的Ⅱ级岩体现场大剪试验共 6 组，均为微风化或新鲜岩体，相应的 τ、σ 点群分布见图 5-12 和图 5-13，得出Ⅱ级岩体强度参数整理基本值。

按优定斜率法取值：

抗剪断：$f'=1.35$，$c'=2.0$～4.40 MPa；

抗　剪：$f=1.03$，$c=0.7$～3.30 MPa。

按最小二乘法取值：

抗剪断：$f'=1.38$，$c'=3.16$ MPa；

抗　剪：$f=0.89$，$c=3.32$ MPa。

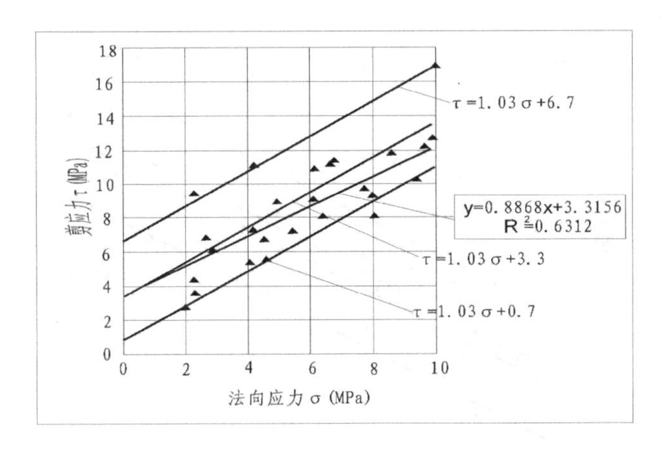

图 5－12　Ⅱ级岩体抗剪强度关系曲线

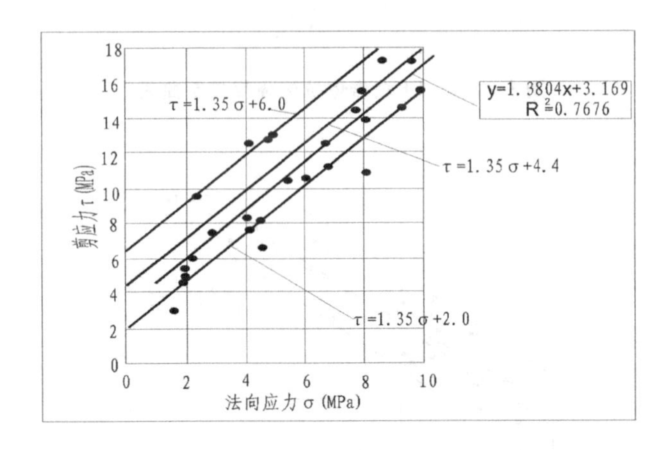

图 5－13　Ⅱ级岩体抗剪断强度关系曲线

5.4.2　Ⅲ1 级岩体强度参数取值

坝区Ⅲ1级岩体共完成现场大剪7组，均为微风化～新鲜岩体。由岩体试验资料得出 τ、σ 点群分布图 5－14 和图 5－15。按优定斜率法得出的Ⅲ1级岩体强度参数整理基本值见图 5－14 和图 5－15。

按优定斜率法取值：

抗剪断：f′=1.07，c′=1.5～3.3 MPa；

抗　剪：f=0.85，c=0.5～2.50 MPa。

按最小二乘法取值：

抗剪断：f′=0.89，c′=4.19 MPa；

抗　剪：f=0.85，c=3.07 MPa。

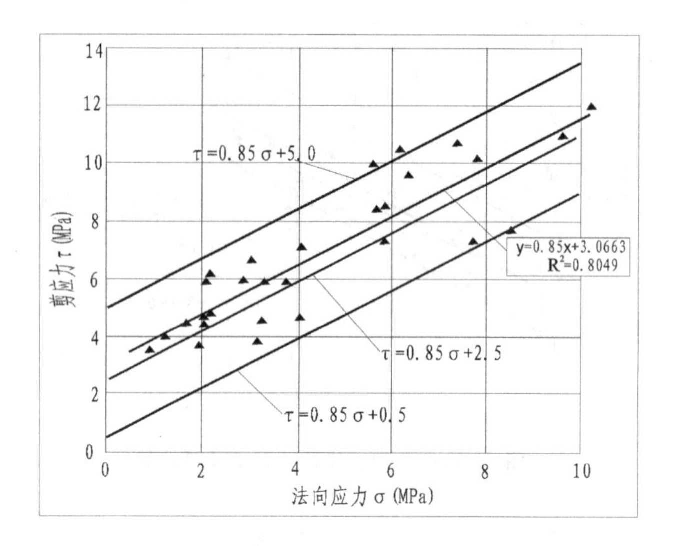

图 5-14 Ⅲ1 级岩体抗剪强度关系曲线

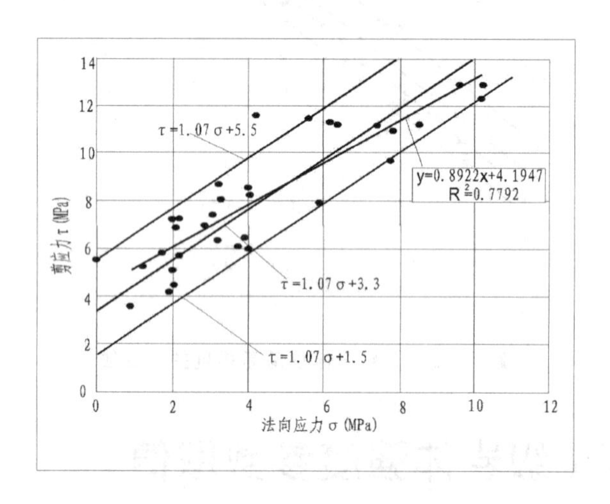

图 5-15 Ⅲ1 级岩体抗剪断强度关系曲线

5.4.3 Ⅲ2 级岩体强度参数取值

Ⅲ2 级岩体共完成大剪 11 组，均为弱卸荷岩体，由岩体试验资料得出的 τ、σ 点群分布见图 5-16 和图 5-17。

按优定斜率法取值：

抗剪断：f′=1.02，c′=0.9～2.9 MPa；

抗　剪：f =0.68，c=0.7～3.30 MPa。

按最小二乘法取值：

抗剪断：$f'=1.08$，$c'=2.27$ MPa；

抗　剪：$f=0.9$，$c=2.12$ MPa。

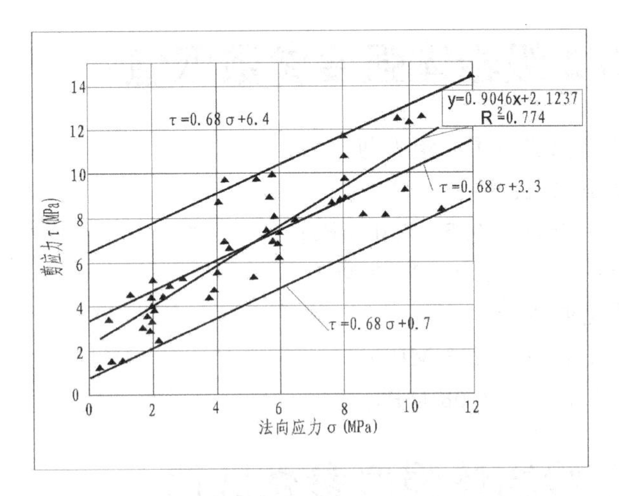

图 5－16　Ⅲ2 级岩体抗剪强度关系曲线

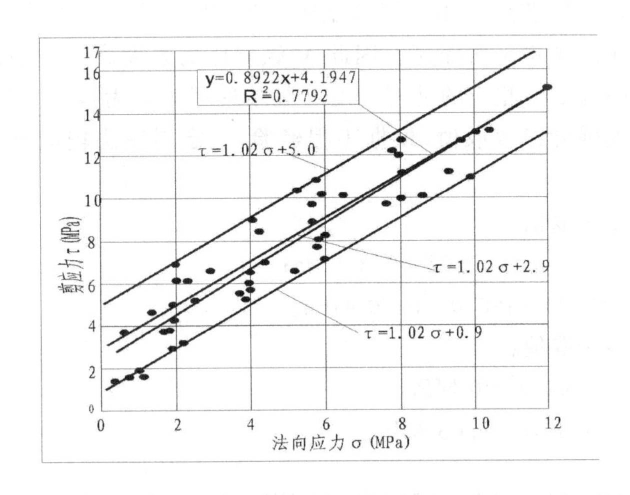

图 5－17　Ⅲ2 级岩体抗剪断强度关系曲线

5.4.4　Ⅳ1 级岩体强度参数取值

对Ⅳ1 级岩体只进行了两组大剪。

按优定斜率法取值：

抗剪断：$f'=0.8$，$c'=0.8\sim2.2$ MPa；

抗　剪：$f=0.58$，$c=1.2\sim2.20$ MPa。

按最小二乘法取值：

抗剪断：f′=0.75，c′=2.09 MPa；

抗　剪：f =0.78，c=1.52 MPa。

5.4.5　Ⅳ2 级岩体强度参数取值

对 IV2 级岩体只进行了一组大剪。

按优定斜率法取值：

抗剪断：f′=0.65，c′=0.5～2.0 MPa；

抗　剪：f =0.45，c=2.2～3.30 MPa。

按最小二乘法取值：

抗剪断：f′=0.71，c′=1.6 MPa；

抗　剪：f =0.50，c=2.98 MPa。

5.4.6　Ⅴ级岩体强度参数取值

Ⅴ级岩体即断层破碎带和层间挤压错动带（B4），从影响岩体稳定性上看，强度参数主要由其中的主错带所控制。因此Ⅴ级岩体的强度参数与断层破碎带和层间挤压错动带是一样的。相应的剪切强度参数整理基本值为：坝基岩体强度参数综合取值如同结构面强度参数取值，根据工程经验，优定斜率法较最小二乘法取值更为合理。

按优定斜率法取值：

抗剪断：f′=0.30，c′=0.02～0.3 MPa；

抗　剪：f =0.25，c=0.0～0.20 MPa。

按最小二乘法取值：

抗剪断：f′=0.44，c′=0 MPa；

抗　剪：f =0.37，c=0.05 MPa。

5.4.7　坝基岩体强度参数综合取值

与结构面强度参数取值相似，坝基岩体按优定斜率法和最小二乘法整理获取的强度参数总体上较为接近，仅部分差别较大。根据工程经验并考虑这两种方法的利弊，优定斜率法较最小二乘法取值更为合理，因此按优定斜率法整理获取的强度参数基本值作为最终建议值的依据。坝基不同级别岩体强度参数的整理值和建议值见表 5-13、表 5-14。

表 5-13　坝基各级岩体强度参数整理基本值

岩级	统计组数	优定斜率法				最小二乘法			
		抗剪断参数		抗剪参数		抗剪断参数		抗剪参数	
		f′	c′(MPa)	f	c(MPa)	f′	c′(MPa)	f	c(MPa)
Ⅱ	6	1.35	2.0～4.4	1.03	0.7～3.3	1.38	3.16	0.89	3.32
Ⅲ1	7	1.07	1.5～3.3	0.85	0.5～2.5	0.89	4.19	0.85	3.07
Ⅲ2	11	1.02	0.9～2.9	0.68	0.7～3.3	1.08	2.27	0.9	2.12
Ⅳ1	2	0.8	0.8～2.2	0.58	1.2～2.2	0.75	2.09	0.78	1.52
Ⅳ2	1	0.65	0.5～2.0	0.45	2.2～3.3	0.71	1.6	0.5	2.98
Ⅴ	6	0.3	0.02～0.3	0.25	0.0～0.2	0.44	0	0.37	0.05

表 5-14　坝基各级岩体强度参数建议值

岩级	强度参数整理值				强度参数建议值			
	抗剪断参数		抗剪参数		抗剪断参数		抗剪参数	
	f′	c′(MPa)	f	c(MPa)	f′	c′(MPa)	f	c(MPa)
Ⅱ	1.35	2.0～4.4	1.03	0.7～3.3	1.35	2.0	1.03	0
Ⅲ1	1.07	1.5～3.3	0.85	0.5～2.5	1.07	1.5	0.85	0
Ⅲ2	1.02	0.9～2.9	0.68	0.7～3.3	1.02	0.9	0.68	0
Ⅳ1	0.8	0.8～2.2	0.58	1.2～2.2	0.8	0.8	0.58	0
Ⅳ2	0.65	0.5～2.0	0.45	2.2～3.3	0.65	0.5	0.45	0
Ⅴ	0.3	0.02～0.3	0.25	0.0～0.2	0.3	0.02	0.25	0

5.5　坝基建基面开挖深度的选择

5.5.1　选择建基面的原则和依据

本工程属大(1)型，设计坝高为 119.14 m，大坝为 1 等工程 1 级建筑物。河床坝基最大正应力达 2.84 MPa。经处理后的高重力坝地基应满足下列要求：

(1) 具有足够的强度，以满足承受大坝压力。

(2) 具有足够的整体性和均匀性，以减少不均匀性沉陷和满足坝基抗滑稳定条件。

(3) 具有足够的抗渗性，满足渗透稳定要求。

(4) 具有足够的耐久性,防止岩体性质在水长期作用下发生恶化。

根据上述要求并结合坝基岩体结构类型、岩溶化程度、岩体质量类别、岩体物理力学指标等具体条件,综合确定选择建基面的原则如下:

① 两岸及河床坝基覆盖层强度低、不均匀沉陷大,强风化岩体以及卸荷岩体强度低、变形大,其坝基岩体质量分类为Ⅳ～Ⅴ类,两者均不宜作为坝基持力层,应全部挖除。

② AⅢ2 类岩体(一般为弱风化岩体)纵波速为 4 000～4 760 m/s,完整性系数为 0.44～0.62,属中厚层～薄层状互层结构,可作为两岸中坝段地基。

AⅢ2 类岩体中下部(弱风化)和 AⅢ1 类岩体(一般为微风化岩体)纵波速为 4 500～5 473 m/s,完整性系数为 0.56～0.83,属中厚层～次块状结构,可作为河床及两岸高坝段地基。

③ 建基面的声波值一般应控制在:河床及两岸高坝段宜大于 4 500 m/s,两岸中坝段声波纵波值宜大于 4 000 m/s。

④ 各坝段在 AⅢ1、AⅢ2 类岩体中均存在一定的地质缺陷,分布有岩溶洞穴、溶蚀带、断层破碎带、层间错动带以及爆破松动层等,降低了地基岩体的强度、刚度和均一性,应进行专门性工程处理。

⑤ 河床地基岩体缓倾角结构面较发育,部分坝段存在深层抗滑稳定问题,对建基面下埋深较浅的控制性滑移面宜挖除,对不宜挖除的应进行专门处理。

5.5.2　各坝段建基面的确定

根据上述原则,河床及两岸各坝段建基面高程和特征见表 5－15、表 5－16、表 5－17。

5.6　坝基工程处理

5.6.1　坝基防渗处理

坝基存在严重的渗漏与渗透稳定问题,首先应在查明坝基渗漏边界条件前提下,做好防渗处理,采取的主要措施如下:

(1) AⅢ1、AⅢ2 类岩体分布区,采用锚杆与固结灌浆进行处理。

(2) AⅣ2 类岩体分布区,清除表层爆破松动带,对层间挤压破碎带(JK9～JK12 附近一带、JK38 附近)、断层带(F31、F58)进行一定深度的槽挖置换。

表 5-15　河床坝段建基面选择表

坝段编号	坝段类型	岩性	岩体结构特征						建基面高程/m
			岩体类别	岩体类别上限高程/m	岩体纵波波速(m/s)	波速比	完整性系数	岩体完整程度	
13#	高坝段	白云岩、少量灰岩	AⅢ$_2$	566～569	4 436 (2 976～5 353)	0.74 (0.50～0.89)	0.55 (0.24～0.79)	较破碎～完整性差，少部分较完整	左台阶 563，右台阶 559
			AⅢ$_1$	554～560	5 266 (3 574～6 000)	0.88 (0.59～1)	0.77 (0.35～1)	较完整～完整，少部分完整性差	
14#	高坝段	白云岩、少量灰岩	AⅢ$_2$	565～568	4 652 (3 050～5 434)	0.78 (0.51～0.91)	0.60 (0.26～0.82)	较破碎～完整性差，少部分较完整	555
			AⅢ$_1$	552～558	5 319 (3 574～6 000)	0.89 (0.60～1.0)	0.79 (0.36～1.0)	较完整～完整，少部分完整性差	
15#	高坝段	白云岩、少量灰岩	AⅢ$_2$	555～567	4 761 (3 030～5 780)	0.79 (0.51～0.96)	0.63 (0.26～0.93)	较破碎～完整性差，少部分较完整～完整	左台阶 555，右平台 546
			AⅢ$_1$	541～550	5 266 (3 706～5 984)	0.88 (0.62～0.99)	0.77 (0.38～0.99)	较完整～完整，少部分完整性差	
16#	高坝段	白云岩、少量灰岩	AⅢ$_2$	546～560	4 705 (3 464～5 830)	0.78 (0.58～0.97)	0.61 (0.33～0.94)	完整性差，少部分较完整～完整	541
			AⅢ$_1$	538～549	5 403 (3 185～6 000)	0.90 (0.53～1.0)	0.81 (0.28～1.0)	较完整～完整，少部分完整性差～较破碎	
17#	高坝段	白云岩、少量灰岩	AⅢ$_2$	545～563	4 784 (4 268～5 300)	0.80 (0.71～0.88)	0.63 (0.51～0.78)	完整性差～较完整	541
			AⅢ$_1$	541～550	5 195 (4 120～5 953)	0.87 (0.69～0.99)	0.75 (0.47～0.98)	较完整～完整，少部分完整性差	
18#	高坝段	白云岩、少量灰岩	AⅢ$_2$	563～566	4 773 (4 612～5 229)	0.80 (0.77～0.87)	0.63 (0.59～0.76)	较完整	558
			AⅢ$_1$	553～560	5 165 (3 993～5 849)	0.86 (0.67～0.97)	0.74 (0.44～0.95)	较完整～完整	

备注：岩体纵波波速、波速比、完整性系数栏中上一行表示平均值，下一行括号内为区间范围值，表 5-16、表 5-17 同。

表 5-16　左岸坝段建基面选择表

坝段编号	坝段类型	岩性及溶蚀带	岩体结构特征						建基面高程/m
			岩体类别	岩体类别上限/m	岩体纵波速(m/s)	波速比	完整性系数	岩体完整程度	
1#	低坝段	灰岩为主,白云岩次之,局部坝基发育溶蚀带(5#Rsd)	AⅢ2	647～649	4750 (3 520～5 300)	0.79 (0.59～0.88)	0.62 (0.34～0.78)	完整性差～较完整,少部分较破碎	现开挖面高程对爆破松动层和其他地质缺陷体进行处理后可建基
2#		灰岩为主,少量介壳灰岩,大部坝基发育溶蚀带(6#Rsd)	AⅢ2	639～646	4200 (3 500～4 560)	0.7 (0.58～0.76)	0.49 (0.34～0.58)	完整性差～较完整,少部分较破碎	
3#		灰岩为主,少量介壳灰岩,局部坝基发育溶蚀带(6#Rsd)	AⅢ2	631～639	4 620 (3 250～5 550)	0.77 (0.54～0.93)	0.59 (0.29～0.86)	完整性差～较完整,少部分较破碎	
4#	中坝段	灰岩、白云岩为主,部分坝基发育溶蚀带(6#Rsd)	AⅢ2	616～631	4 430 (3 230～5 100)	0.74 (0.54～0.85)	0.55 (0.29～0.73)	完整性差～较完整,少部分较破碎	
5#		白云岩为主,少量灰岩,部分坝基发育溶蚀带(6#、7#Rsd)	AⅢ2	618～623	4 340 (3 670～4 830)	0.72 (0.61～0.81)	0.52 (0.37～0.65)	完整性差～较完整	
6#		白云岩为主,少量灰岩,局部坝基发育溶蚀带(7#Rsd)	AⅢ2	618～623	4 310 (3 700～5 040)	0.72 (0.62～0.84)	0.52 (0.38～0.71)	完整性差～较完整	
7#		白云岩、沥青质白云岩	AⅢ2	617～623	4 470 (3 740～5 230)	0.75 (0.62～0.87)	0.55 (0.39～0.76)	完整性差～较完整	
8#		白云岩、沥青质白云岩	AⅢ2	607～623	4 620 (3 760～5 720)	0.77 (0.63～0.95)	0.59 (0.40～0.91)	多完整性差～较完整,少部分完整	
9#		白云岩为主,局部为沥青白云岩	AⅢ2	591～609	4 740 (3 600～5 880)	0.79 (0.6～0.98)	0.62 (0.36～0.96)	多完整性差～较完整,少部分完整	

续表 5-16

坝段编号	坝段类型	岩性及溶蚀带	岩体结构特征						建基面高程/m
			岩体类别	岩体类别上限/m	岩体纵波速(m/s)	波速比	完整性系数	岩体完整程度	
10#	高坝段	白云岩	AⅢ2	579～591	4 150 (3 780～4 690)	0.69 (0.63～0.78)	0.48 (0.40～0.61)	完整性差～较完整	左台阶590，右台阶573
			AⅢ1	578～589	5 050 (4 340～5 730)	0.84 (0.72～0.96)	0.71 (0.52～0.91)	多较完整～完整，少部分完整性差	
11#		白云岩为主，局部坝基发育溶蚀带(8#Rsd)	AⅢ2	572～579	4 000 (3 653～4 765)	0.67 (0.61～0.79)	0.44 (0.37～0.63)	完整性差～较完整	建基面568，处理地质缺陷建基
			AⅢ1	563～573	5 196 (4 160～6 000)	0.87 (0.69～1)	0.75 (0.48～1)	多较完整～完整，少部分完整性差	
12#		白云岩	AⅢ2	570～573	4 120 (3 642～5 500)	0.69 (0.61～0.92)	0.47 (0.37～0.84)	完整性差～较完整	建基面563
			AⅢ1	560～568	5 172 (3 440～6 000)	0.86 (0.57～1)	0.74 (0.33～1)	多较完整～完整，少数差～较破碎	

表 5-17 右岸坝段建基面选择表

坝段编号	坝段类型	岩性及溶蚀带	岩体结构特征						建基面高程/m
			岩体类别	岩体类别上限/m	岩体纵波速(m/s)	波速比	完整性系数	岩体完整程度	
19#	高坝段	白云岩为主,白云质灰岩次之,局部发育(9#Rsd)	AⅢ2	566～574	4 290 (3 200～5 800)	0.72 (0.53～0.97)	0.52 (0.28～0.94)	多完整性差～较破碎,少部分较完整	建基面 559,处理地质缺陷体
			AⅢ1	560～572	5 003 (3 570～5 890)	0.83 (0.60～0.98)	0.70 (0.35～0.96)	多较完整～完整,少部分完整性差	
20#		白云岩为主,白云质灰岩次之,局部坝基发育(9#Rsd)	AⅢ2	569～579	4 040 (3 400～5 560)	0.67 (0.57～0.93)	0.45 (0.32～0.86)	多完整性差～较破碎,少部分较完整	建基面 559～570,处理地质缺陷体
			AⅢ1	550～568	5 192 (3 840～5 880)	0.86 (0.64～0.98)	0.75 (0.41～0.96)	多较完整～完整,少部分完整性差	
21#		白云质灰岩为主,白云岩次之,局部发育(9#Rsd)	AⅢ2	570～594	4 390 (3 250～5 900)	0.73 (0.54～0.98)	0.53 (0.29～0.96)	多完整性差～较破碎,少部分较完整	建基面 570～584,对地质缺陷体进行处理后建基
			AⅢ1	572～597	5 380 (4 094～6 000)	0.90 (0.68～1)	0.8 (0.47～1)	多较完整～完整,少部分完整性差	
22#		灰岩、白云岩、白云质灰岩,局部发育溶蚀带(9#Rsd)	AⅢ2	581～602	4 400 (3 050～5 340)	0.73 (0.51～0.89)	0.54 (0.26～0.79)	多完整性差～较破碎,少部分较完整	建基面 584～605,对地质缺陷体进行处理后建基
			AⅢ1	575～598	5 398 (3 759～6 000)	0.90 (0.63～1)	0.81 (0.39～1)	多较完整～完整,少部分完整性差	

表 5-17

坝段编号	坝段类型	岩性及溶蚀带	岩体结构特征						建基面高程/m
			岩体类别	岩体类别上限/m	岩体纵波速(m/s)	波速比	完整性系数	岩体完整程度	
23#	中坝段	灰岩、白云岩、白云质灰岩，部分发育(9#Rsd)	AⅢ2	602～609	4 710 (4 100～5 846)	0.79 (0.68～0.97)	0.62 (0.47～0.95)	多完整性差～较完整,少部分完整	现开挖面高程内对爆破松动层和其他地质缺陷进行处理后建基
24#		灰岩为主,白云岩次之,少部分发育(9#Rsd)	AⅢ2	609～617	4 760 (3 700～5 610)	0.79 (0.62～0.94)	0.62 (0.38～0.88)	多完整性差～较完整,少部分完整	
25#		灰岩为主,泥灰岩、白云岩次之,少部分发育(9#Rsd)	AⅢ2	615～619	4 010 (3 215～5 560)	0.67 (0.54～0.93)	0.45 (0.29～0.86)	多完整性差～较破碎,少部分较完整	
26#		灰岩为主,泥灰岩、白云岩少量	AⅢ2	618～630	4 200 (4 160～5 680)	0.7 (0.69～0.95)	0.49 (0.48～0.90)	多完整性差～较完整,少部分完整	
27#	低坝段	白云岩为主,含结核白云岩次之,局部坝基发育溶蚀带(10#Rsd)	AⅣ	632～635	2960	0.49	0.24	强风化岩体,较破碎	现开挖面高程清除强风化岩层，对爆破松动层和其他地质缺陷进行处理后建基
			AⅢ2	630～634	4 600 (3 560～5 700)	0.77 (0.59～0.95)	0.59 (0.35～0.90)	多完整性差～较完整,少部分完整	
28#		灰岩为主,含结核白云岩、含结核灰岩次之,局部坝基发育溶蚀带(11#Rsd)	AⅣ	636～640	2 890	0.48	0.23	强风化岩体,较破碎	
			AⅢ2	634～638	4 320 (3 150～4 860)	0.72 (0.53～0.81)	0.52 (0.28～0.66)	多完整性差～较破碎,少部分较完整	
29#		灰岩为主,白云岩少量,局部坝基发育溶蚀带(12#Rsd)	AⅣ	641～644	2 760	0.46	0.21	强风化岩体较破碎	
			AⅢ2	638～641	4 510 (3 350～4 660)	0.75 (0.56～0.78)	0.56 (0.31～0.60)	多完整性差～较破碎,少部分较完整	
30#		白云岩为主,灰岩次之,大部坝基发育溶蚀带(12#Rsd)	AⅣ	644～651	2 850	0.48	0.23	强风化岩体较破碎	
			AⅢ2	641～648	4 425 (3 420～4 740)	0.74 (0.57～0.79)	0.54 (0.32～62)	多完整性差～较破碎,少部分较完整	

(3) Ⅴ类岩体分布区

对坝基开挖已揭露的溶洞或溶洞顶板完整岩体厚度小于5 m或小于1倍溶洞直径的浅埋溶洞采用洞挖(左岸Kj9～Kj8溶洞附近、Kj10～Kj14～Kj15～JK2溶洞和钻孔附近、Kj11溶洞附近、Kj12～Kj13～JK4溶洞和钻孔附近、右岸Kj1～ JK41溶洞和钻孔附近、Kj2～JK39～Kj4溶洞和钻孔附近、Kj5～JK35～JK38～Kj3溶洞和钻孔附近、Kj7溶洞等)。

对埋藏深、规模较大的溶洞结合防渗处理采用洞挖、清除充填物与溶蚀破碎带及回填混凝土,进行固结或高压固结灌浆处理。

对埋藏深、规模小的溶洞结合防渗处理采用大口径钻孔置换或高压灌浆处理。

5.6.2 抗滑稳定处理

正常运行工况下坝基抗滑稳定性问题较为突出,各坝段抗滑安全系数不满足规范规定值3.0的滑面组合,必须进行加固处理。

11#～15#坝段处理:部分置换f101断层,工程量省、经济。

16#～17#坝段处理:部分置换f101断层,工程量省、经济。

18#坝段处理:前齿槽+坝趾、抗力体置换除工程量相对略高外,施工简单、安全可靠,工序少、工期短,对坝基岩体影响小,处理后可靠性高,坝趾高。应力区受力均匀。

19#～20#坝段处理:大齿槽+压脚,处理部位集中,兼顾抗滑稳定、防渗和提高断层密集区基础完整性。施工简单、安全可靠,工序少、工期短,最经济。

第6章　坝基稳定性三维有限元分析

武都水库大坝基础存在断层、溶蚀带、层间挤压带及缓倾裂隙等多种不利地质构造，坝基稳定问题非常突出。结合各坝段坝高和地质条件，分别选择左、右岸最高挡水坝段12＃与19＃、河床16＃、17＃、18＃五个典型坝段分析，在准确模拟各坝段坝基岩层分布和各种不利地质构造基础之上，运用三维非线性有限元法分析：(1) 天然地基在基本荷载组合作用下，坝基不同岩性和地质构造所产生的基础不均匀变形及变形极值，以及对坝体结构变形和应力的影响程度；坝基中各类不利地质构造组合所构成滑面的抗滑安全系数，分析坝基可能的破坏部位、机理和滑移形式，为坝基的加固处理提供依据。(2) 根据建议的坝基加固方案，调整坝体及地基三维整体有限元计算网格，从几何形态和力学特性上严格模拟各种坝基处理措施，分析处理方案的坝体结构特性和坝基工作性态；针对加固处理方案，分析坝基中各类不利地质构造组合滑面安全系数的变化，以及坝基的整体超载特性，论证坝基处理方案的效果。

6.1　计算模型

为研究重力坝坝体结构特性及坝基稳定性，对选择的五个典型坝段，建立了半整体三维有限元计算模型，离散中坝体及坝基岩体采用空间8节点等参实体单元，坝体建基面及坝基各类结构面采用接触面单元（无厚度）或夹层单元（有厚度）（见图6－1）。计算域各边界切开面均取法向位移约束，有限元计算坐标系定义为：x轴：顺河向，由上游水平指向下游，轴线方位11.0°W；y轴：横河向，由右岸水平指向左岸；z轴：铅直向上，由底面指向地表。

6.1.1　坝基稳定性评价方法

滑动体的整体抗滑安全系数定义为总阻滑力和总滑动力之比，即：

$$Ks=\frac{\sum_{i=1}^{n}Fz}{\sum_{i=1}^{n}Fh}$$

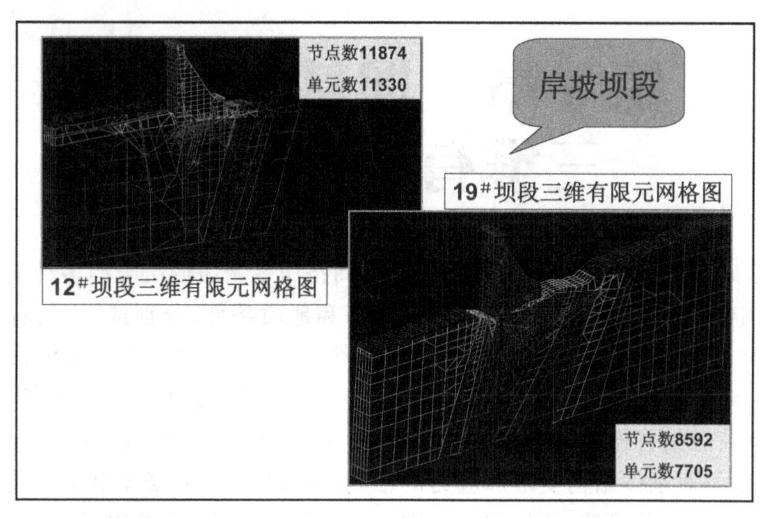

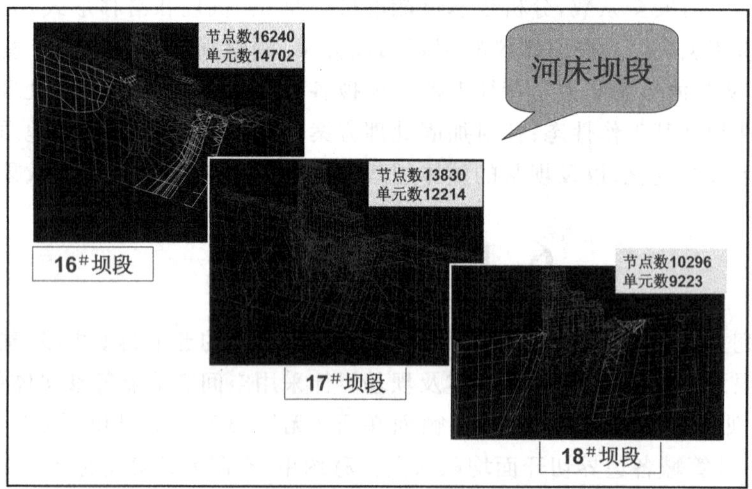

图 6-1 各坝段三维有限元网格图

$$Ks=\frac{\sum_{i=1}^{n}\int_{a}[c-\sigma_{n}*\tan\varphi]da}{\sum_{i=1}^{n}\left[\int_{a}\sqrt{\tau_{s}^{2}+\tau_{t}^{2}}da*\frac{\vec{\tau}}{|\vec{\tau}|}*\vec{a}\right]}$$

式中：n 为滑移面上单元总数。

若沿主滑动方向投影，可定义矢量抗滑稳定安全系数。

式中：φ 为块体滑动方向，τ 为交界面上剪力向量。

6.1.2　计算工况及荷载模拟方法

(1) 本次主要计算两种工况：

A. 完建工况：岩体自重＋坝体自重。

B. 岩体自重正常运行工况：岩体自重＋坝体自重＋上下游水沙压力＋坝基渗透压力。

(2) 上述荷载中岩体自重为建坝前岩体自重形成的坝基天然应力场，以初始应力场计入；上下游水压力根据正常运行工况坝体上下游水位，按面力方式模拟；上游泥沙压力根据《重力坝设计规范》推荐方法模拟。

6.2　天然状态下坝基抗滑稳定性分析

天然地基条件下坝体、坝基抗滑稳定性分析主要是分析天然地基条件下坝体坝基位移场、应力场分布、坝体坝基抗滑稳定分析、工作性态。

6.2.1　天然地基条件下坝体及坝基位移场分布

由于坝踵附近存在F31、10f2及数条层间错动带，岩体力学参数很低，在完建工况下，坝体重心偏向上游，致使坝体整体向上游倾斜。正常运行工况时，坝体受到上游水沙压力及坝基渗透压力的共同作用，坝体水平向整体向下游变位，相对于完建工况，坝顶水平向变位量值增幅明显，而铅直向变位仍整体下沉。

由于12＃与19＃坝段属于非溢流坝段，坝体相对单薄，上游水沙压力和坝基渗透压力的作用效应相对明显，坝体水平向变位增幅加大，坝踵与坝趾部位铅直向变位差值相对较大。但坝踵附近铅直向变位有所减小，而坝趾部位铅直向位移量值有所增大，主要是由于上游坝面水沙压力作用所致。

天然地基位移场分布如图6-2所示。

6.2.2　天然地基条件下坝体及坝基应力场分布

天然地基应力场分布如图6-3所示。

6.2.3　天然地基条件下坝体及坝基抗滑稳定性分析计算

坝体及坝基抗滑稳定分析结构面如图6-4～图6-8所示。

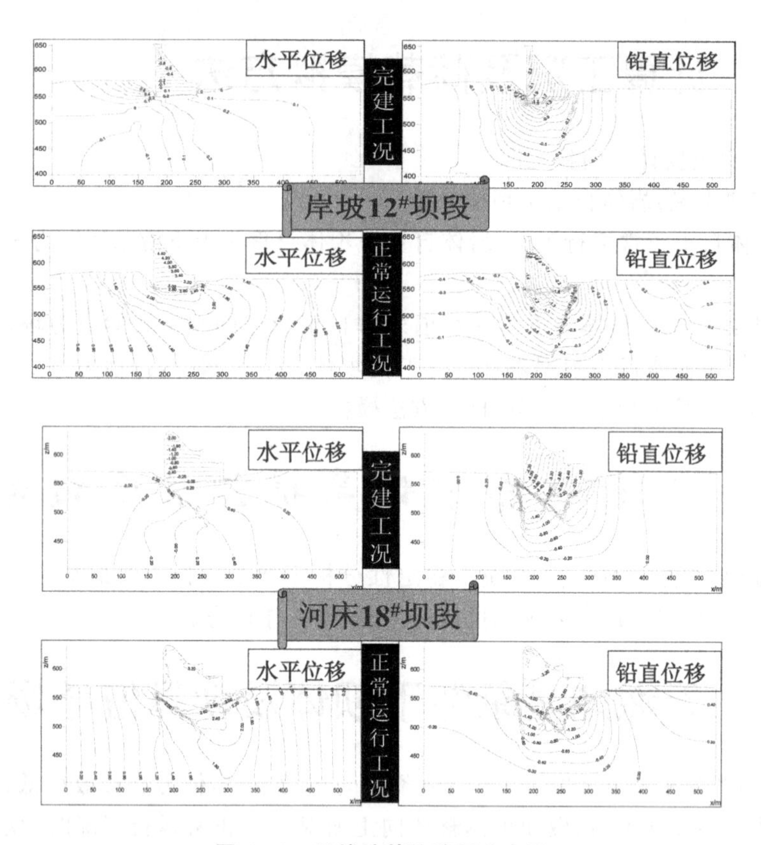

图 6-2 天然地基位移场分布图

不同坝段控制滑移面安全系数见表 6-1～表 6-5。

表 6-1 天然地基 12#坝段控制滑移面安全系数表(1 组 K<3.0)

倾向下游滑移面	倾向上游滑移面	控制滑移面组合 滑移面代号	安全系数
Hy1 Hy2	Hy0 Hy11 Hy12 Hy13 Hy14 Hy15	(1) 沿建基面	5.07
		(2) Hy0-Hy11(f101)	2.96
		(3) Hy1-Hy13	4.86
		(4) Hy1-Hy14	4.56
		(5) Hy1-Hy15	4.08
		(6) Hy2-Hy14	4.37
		(7) Hy2-Hy15	4.82
		(8) Hy0-Hy12	5.55
		(9) Hy0-Hy13	4.68

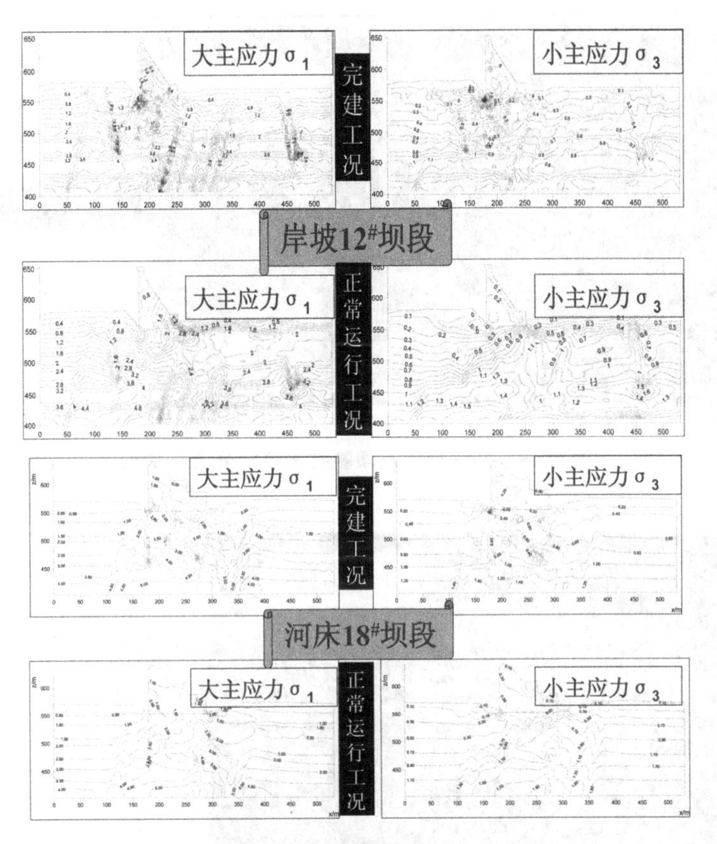

图6-3 天然地基应力场分布图

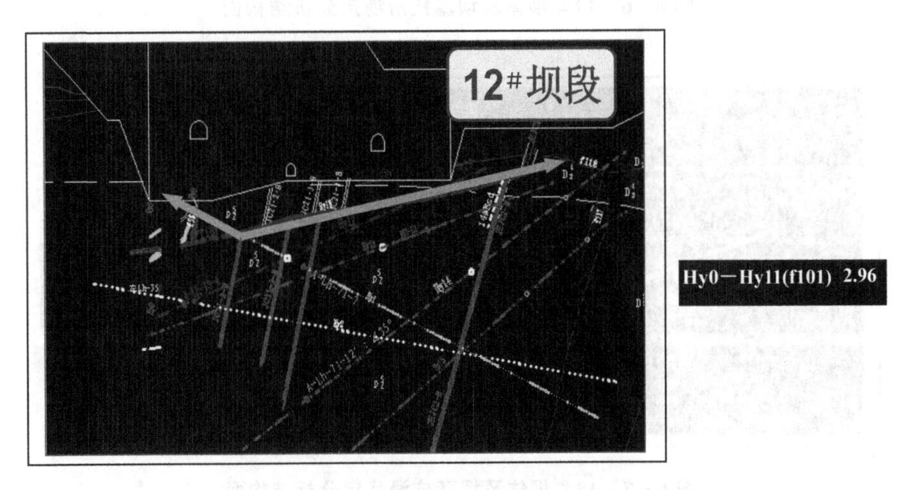

图6-4 12#坝体及坝基抗滑稳定分析结构面

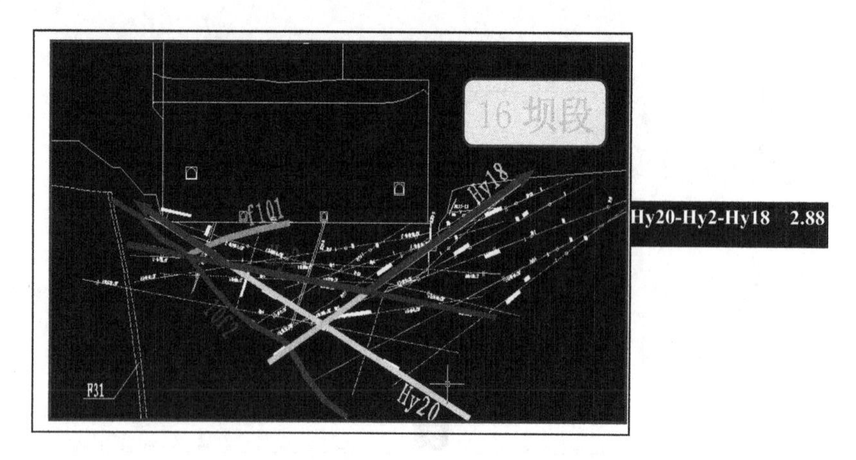

图 6－5　16＃坝体及坝基抗滑稳定分析结构面

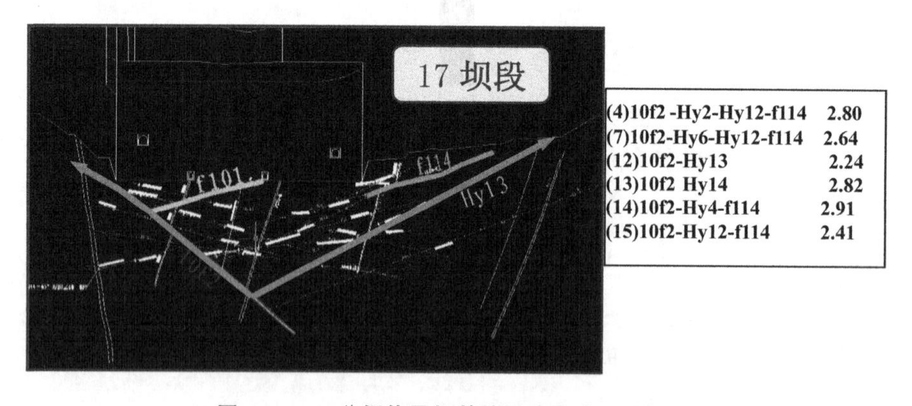

图 6－6　17＃坝体及坝基抗滑稳定分析结构面

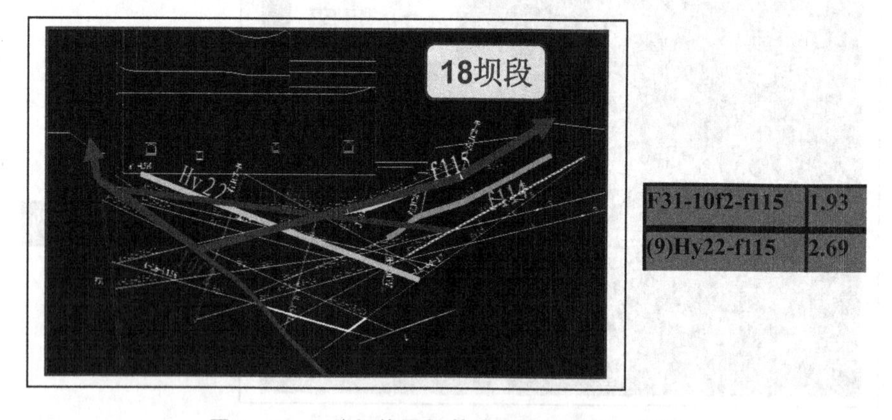

图 6－7　18＃坝体及坝基抗滑稳定分析结构面

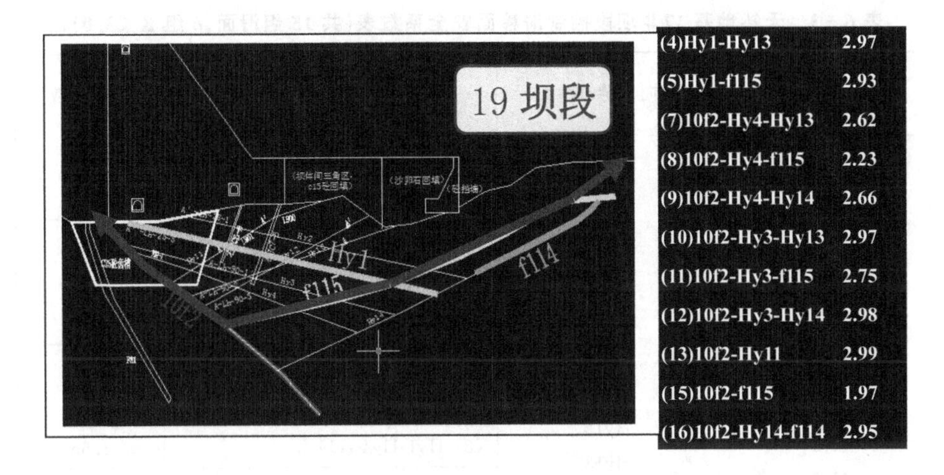

图6-8 19#坝体及坝基抗滑稳定分析结构面

表6-2 天然地基16#坝段控制滑移面安全系数表(共15组滑面,1组K<3.0)

倾向下游滑移面	倾向上游滑移面	控制滑移面组合	安全系数
		滑移面代号	
Hy1 Hy2 Hy3 Hy4 10f2 Hy10	Hy5 Hy6 Hy7 Hy11 Hy13 Hy14 Hy15	(1) 沿建基面	5.06
		(2) 10f2-Hy1-Hy5-Hy11	4.36
		(3) 10f2-Hy2-Hy6-Hy11	3.97
		(4) 10f2-Hy1-Hy13	4.36
		(5) 10f2-Hy1-Hy7	4.69
		(6) 10f2-Hy2-Hy7	4.46
		(7) 10f2-Hy2-Hy14	4.20
		(8) Hy20-Hy2-Hy15	3.93
		(9) Hy20-Hy2-Hy7	3.80
		(10) Hy20-Hy1-Hy7	4.42
		(11) Hy20-Hy2-Hy15	5.21
		(12) Hy20-Hy1-Hy18	3.60
		(13) Hy20-Hy2-Hy18	2.88
		(14) 10f2-Hy1-Hy6-Hy11	4.59
		(15) 10f2-Hy1-Hy17	3.86

表6-3 天然地基17#坝段控制滑移面安全系数表(共15组滑面,6组K<3.0)

倾向下游滑移面	倾向上游滑移面	控制滑移面组合	安全系数
		滑移面代号	
Hy1 Hy2 Hy3 Hy7 10f2	Hy4 Hy5 Hy6 Hy11 Hy12 Hy13 Hy14 f101 f114 f115	(1) 沿建基面	4.72
		(2) Hy1-Hy12-f114	3.42
		(3) Hy1-Hy13	3.82
		(4) 10f2-Hy2-Hy12-f114	2.80
		(5) 10f2-Hy2-Hy13	3.20
		(6) 10f2-Hy7-Hy4-f114	3.25
		(7) 10f2-Hy6-Hy12-f114	2.64
		(8) Hy1-Hy4-f114	3.55
		(9) Hy1-Hy4-Hy11	3.81
		(10) f114-Hy7-Hy12-f114	3.10
		(11) 10f2-Hy6-Hy13	3.74
		(12) 10f2-Hy13	2.24
		(13) 10f2-Hy14	2.82
		(14) 10f2-Hy4-f114	2.91
		(15) 10f2-Hy12-f114	2.41

表6-4 天然地基18#坝段控制滑移面安全系数表(共12组滑面,2组K<3.0)

倾向下游滑移面	倾向上游滑移面	控制滑移面组合	安全系数
		滑移面代号	
Hy1 Hy2 Hy7 Hy20 Hy22 F31 10f2	Hy4 Hy5 Hy12 Hy13 Hy14 f115	(1) 沿建基面	6.55
		(2) F31-Hy7-f115	3.44
		(3) F31-10f2-f115	1.93
		(4) F31-Hy7-Hy12	4.98
		(5) F31-10f2-Hy12	3.45
		(6) Hy20-f115	3.44
		(7) Hy20-Hy12	4.87
		(8) Hy20-Hy13	4.99
		(9) Hy22-f115	2.69
		(10) Hy22-Hy12	3.75
		(11) Hy22-Hy13	3.69
		(12) Hy22-Hy14	3.53

表 6-5　天然地基 19#坝段控制滑移面安全系数表(11 组 K<3.0)

倾向下游滑移面	倾向上游滑移面	控制滑移面组合	安全系数
		滑移面代号	
Hy1 Hy2 Hy3 Hy4 10f2	Hy11 Hy12 Hy13 Hy14 Hy15 f114 f115	(1) 沿建基面	4.41
		(2) Hy1-Hy11	3.52
		(3) Hy1-Hy12	3.42
		(4) Hy1-Hy13	2.97
		(5) Hy1-f115	2.93
		(6) Hy1-Hy14	3.17
		(7) 10f2-Hy4-Hy13	2.62
		(8) 10f2-Hy4-f115	2.23
		(9) 10f2-Hy4-Hy14	2.66
		(10) 10f2-Hy3-Hy13	2.97
		(11) 10f2-Hy3-f115	2.75
		(12) 10f2-Hy3-Hy14	2.98
		(13) 10f2-Hy11	2.99
		(14) 10f2-Hy13	3.16
		(15) 10f2-f115	1.97
		(16) 10f2-Hy14-f114	2.95

6.2.4　天然地基条件下坝体及坝基工作性态分析

通过对各段坝体及坝基工作性态分析(图 6-9～图 6-13),在天然地基条件下,坝基中塑性区范围相对较大且多分布断层、溶蚀带、层间挤压带及缓倾裂隙这些不利地质构造部位,并在坝体坝踵及坝趾附近区域形成较大范围塑性或拉裂破坏区。因此,有必要对坝基中各类结构面,尤其是控制性断层采取加固处理措施,以改善坝基的整体承载能力,从而提高坝基及坝体的稳定性。

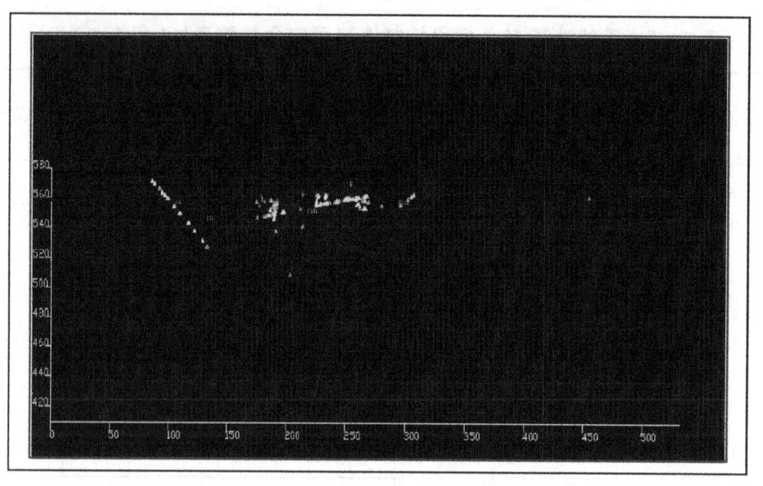

图 6-9　12#坝天然地基工作性态分析

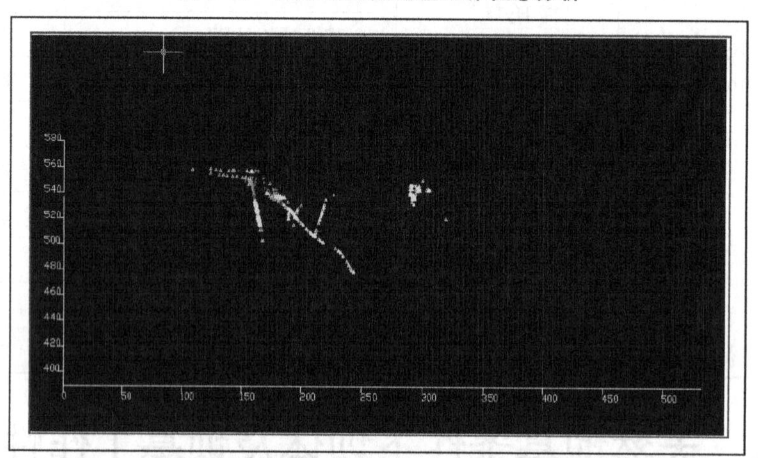

图 6-10　16#坝天然地基工作性态分析

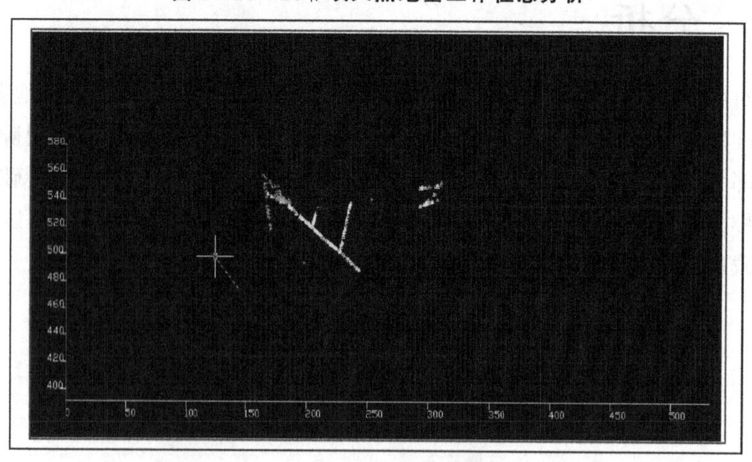

图 6-11　17#坝天然地基工作性态分析

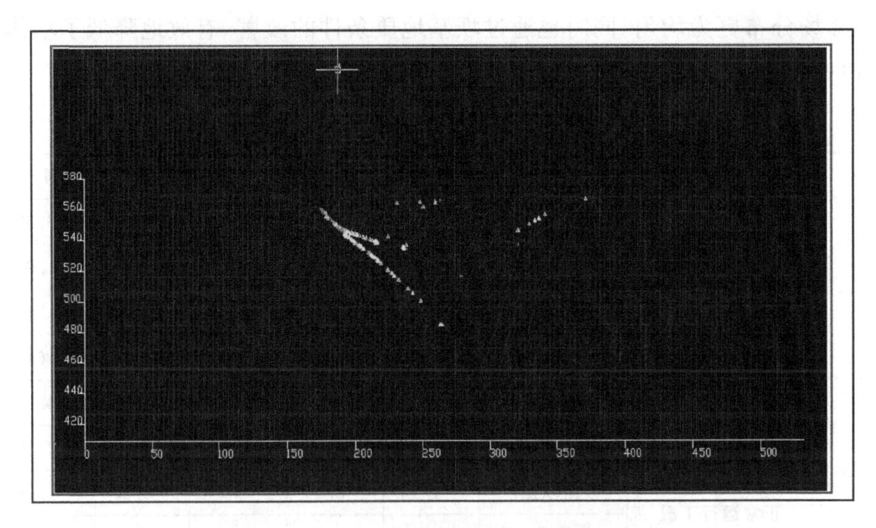

图6-12　18#坝天然地基工作性态分析

图6-13　19#坝天然地基工作性态分析

6.3　工程处理后坝基抗滑稳定性分析

按现设计加固方案对加固地基条件下坝体及坝基位移场、应力场分布、抗滑稳定性、工作性态及超载特性进行分析，研究加固方案可行性及效果。

6.3.1　加固地基条件下坝体及坝基位移场分布

通过模拟分析可以看出，对重点部位坝基采取一系列加固措施后，有效地提高了近坝区基岩，特别是断层的力学性能，不仅改善了坝体及坝基位移场的分布规律，使坝基位移场分布更为均匀，同时也通过坝基地质条件的改善，有效地降低了坝体的变形，从而使坝体在完建期及运行期更为安全。详见表 6－6 和图 6－14。

表 6－6 加固前后各坝段坝顶位移特征值(单位:cm)

坝段			12#	16#	17#	18#	19#
Dx	完建工况	天然地基	−1.72	−2.72	−2.89	−2.77	−5.35
		加固地基	−1.99	−2.57	−2.10	−1.56	−1.00
	正常运行工况	天然地基	5.14	3.57	3.88	3.00	3.71
		加固地基	4.10	3.46	3.57	2.33	3.64
Dz	完建工况	天然地基	−2.65	−4.78	−4.71	−4.85	−4.71
		加固地基	−2.51	−4.72	−4.10	−3.62	−2.59
	正常运行工况	天然地基	−1.42	−3.46	−3.24	−3.50	−2.28
		加固地基	−1.34	−3.52	−3.47	−3.01	−1.76

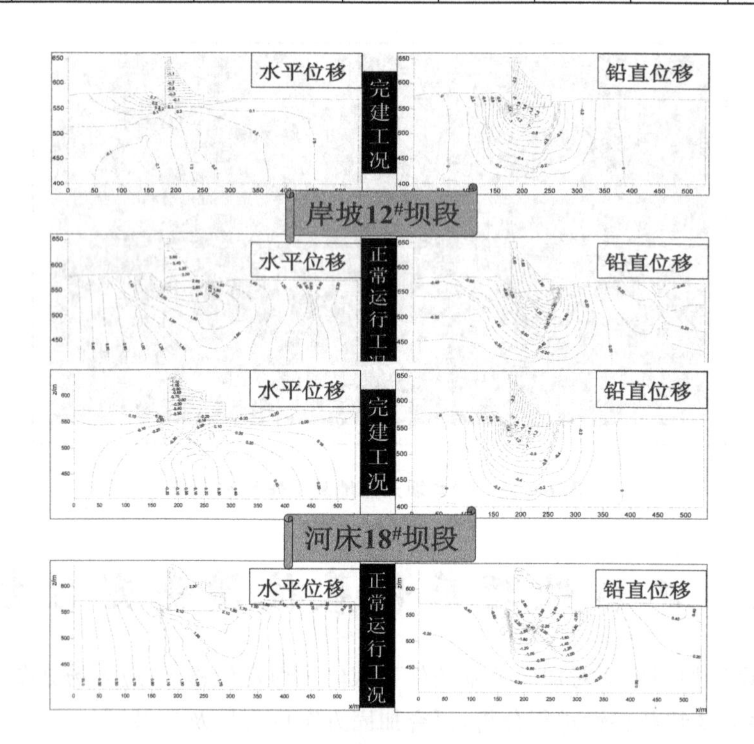

图 6－14 加固地基位移场分布图

6.3.2　加固地基条件下坝体及坝基应力场分布

通过对坝基岩体采用一系列加固措施后，提高了坝基岩体的力学性能，不仅改善了坝基岩体的应力场分布，使坝基中的应力集中区减小或消失，坝基应力分布更为均匀；同时也使坝体应力状态得到改善，对坝踵及坝趾的应力、拉/压应力控制也是十分有利的。详见图 6-15，以及表 6-7～表 6-8。

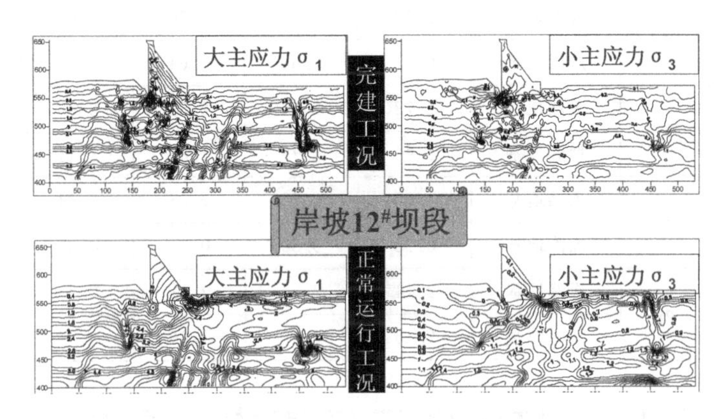

图 6-15　加固地基应力场分布图

表 6-7　坝基加固前后各坝段坝踵应力特征值及对比

坝　段	应　力	工况及对比	12#	16#	17#	18#	19#
完建工况	σ_1	天然地基	4.34	3.71	2.67	5.16	1.48
		加固地基	4.26	3.07	2.53	5.07	2.62
	σ_3	天然地基	1.77	0.16	1.89	−0.16	0.67
		加固地基	−0.09	0.18	−0.03	1.05	0.26
	σ_2	天然地基	2.22	2.38	2.26	4.85	1.28
		加固地基	2.15	2.25	2.07	4.94	2.51
正常运行工况	σ_1	天然地基	0.80	1.78	1.69	1.77	0.52
		加固地基	0.42	2.35	2.43	2.77	1.70
	σ_3	天然地基	−0.12	−0.23	−0.21	−0.18	0.13
		加固地基	−0.09	−0.09	0.23	0.29	0.51
	σ_2	天然地基	0.46	1.56	1.48	1.45	0.42
		加固地基	0.23	2.15	2.23	2.61	1.63

表 6-8 坝基加固前后各坝段坝趾应力特征值及对比

坝 段	应 力	工况及对比	12#	16#	17#	18#	19#
完建工况	σ_1	天然地基	0.74	0.79	0.82	0.87	0.12
		加固地基	0.67	0.66	0.78	1.32	0.72
	σ_3	天然地基	−0.16	0.12	0.15	0.13	−0.59
		加固地基	−0.04	0.18	0.17	0.37	0.09
	σ_2	天然地基	0.57	0.68	0.66	0.64	0.10
		加固地基	0.61	0.63	0.64	1.07	0.68
正常运行工况	σ_1	天然地基	2.78	2.76	2.52	2.58	2.57
		加固地基	2.95	1.79	1.84	3.44	1.81
	σ_3	天然地基	1.02	0.82	0.58	0.54	0.55
		加固地基	0.73	0.50	0.60	0.82	0.18
	σ_2	天然地基	2.14	2.54	2.43	2.33	1.77
		加固地基	2.45	1.59	1.66	3.27	1.42

6.3.3 加固地基条件下坝基的抗滑稳定性分析计算

通过对坝基中断层、溶蚀带、层间挤压带等控制性结构面的处理，增加了坝基的整体刚度和承载能力，也使得坝基中可能组合滑移面的抗滑安全系数大幅提高，坝基总体安全系数达到了规范要求的 3.00 标准，表明设计所推荐的坝基加固措施的有效性。详见表 6-9～表 6-13。

表 6-9 加固处理后 12#坝段控制滑移面安全系数表

倾向下游滑移面	倾向上游滑移面	控制滑移面组合 滑移面代号	天然地基安全系数	加固方案处理后安全系数
Hy1 Hy2	Hy0 Hy11 Hy12 Hy13 Hy14 Hy15	(1) 沿建基面	5.07	6.63
		(2) Hy0-Hy11(f101)	2.96	6.35
		(3) Hy1-Hy13	4.86	4.97
		(4) Hy1-Hy14	4.56	4.61
		(5) Hy1-Hy15	4.08	4.15
		(6) Hy2-Hy14	4.37	4.62
		(7) Hy2-Hy15	4.82	5.06
		(8) Hy0-Hy12	5.55	6.02
		(9) Hy0-Hy13	4.68	4.73

表 6-10　加固处理后 16#坝段控制滑移面安全系数表

倾向下游滑移面	倾向上游滑移面	控制滑移面组合 滑移面代号	天然地基 安全系数	加固方案处理后 安全系数
Hy1 Hy2 Hy3 Hy4 10f2 Hy10	Hy5 Hy6 Hy7 Hy11 Hy13 Hy14 Hy15	(1) 沿建基面	5.06	5.15
		(2) 10f2-Hy1-Hy5-Hy11	4.36	4.92
		(3) 10f2-Hy2-Hy6-Hy11	3.97	4.57
		(4) 10f2-Hy1-Hy13	4.36	4.84
		(5) 10f2-Hy1-Hy7	4.69	5.30
		(6) 10f2-Hy2-Hy7	4.46	4.45
		(7) 10f2-Hy2-Hy14	4.20	4.79
		(8) Hy20-Hy2-Hy15	3.93	4.45
		(9) Hy20-Hy2-Hy7	3.80	4.14
		(10) Hy20-Hy1-Hy7	4.42	4.83
		(11) Hy20-Hy2-Hy15	5.21	4.91
		(12) Hy20-Hy1-Hy18	3.60	4.14
		(13) Hy20-Hy2-Hy18	2.88	3.43
		(14) 10f2-Hy1-Hy6-Hy11	4.59	5.31
		(15) 10f2-Hy1-Hy17	3.86	4.30

表 6-11　加固处理后 17#坝段控制滑移面安全系数表

倾向下游滑移面	倾向上游滑移面	控制滑移面组合 滑移面代号	天然地基 安全系数	加固方案处理后 安全系数
Hy1 Hy2 Hy3 Hy7 10f2	Hy4 Hy5 Hy6 Hy11 Hy12 Hy13 Hy14 f101 f114 f115	(1) 沿建基面	4.72	4.87
		(2) Hy1-Hy12-f114	3.42	4.09
		(3) Hy1-Hy13	3.82	4.73
		(4) 10f2-Hy2-Hy12-f114	2.80	3.51
		(5) 10f2-Hy2-Hy13	3.20	4.01
		(6) 10f2-Hy7-Hy4-f114	3.25	4.69
		(7) 10f2-Hy6-Hy12-f114	2.64	3.08
		(8) Hy1-Hy4-f114	3.55	4.58
		(9) Hy1-Hy4-Hy11	3.81	4.59
		(10) f114-Hy7-Hy12-f114	3.10	3.86
		(11) 10f2-Hy6-Hy13	3.74	4.61
		(12) 10f2-Hy13	2.24	2.93
		(13) 10f2-Hy14	2.82	3.72
		(14) 10f2-Hy4-f114	2.91	3.76

表 6-12 加固处理后18#坝段控制滑移面安全系数表

倾向下游滑移面	倾向上游滑移面	控制滑移面组合 滑移面代号	天然地基 安全系数	加固方案处理后 安全系数
Hy1 Hy2 Hy7 Hy20 Hy22 F31 10f2	Hy4 Hy5 Hy12 Hy13 Hy14 f115	(1) 沿建基面	6.55	6.16
		(2) F31-Hy7-f115	3.44	5.05
		(3) F31-10f2-f115	1.93	3.36
		(4) F31-Hy7-Hy12	4.98	4.40
		(5) F31-10f2-Hy12	3.45	3.51
		(6) Hy20-f115	3.44	5.55
		(7) Hy20-Hy12	4.87	5.25
		(8) Hy20-Hy13	4.99	5.41
		(9) Hy22-f115	2.69	4.60
		(10) Hy22-Hy12	3.75	3.78
		(11) Hy22-Hy13	3.69	3.93

表 6-13 加固处理后19#坝段控制滑移面安全系数表

倾向下游滑移面	倾向上游滑移面	控制滑移面组合 滑移面代号	天然地基 安全系数	加固方案处理后 安全系数
Hy1 Hy2 Hy3 Hy4 10f2	Hy11 Hy12 Hy13 Hy14 Hy15 f114 f115	(1) 沿建基面	4.41	4.39
		(2) Hy1-Hy11	3.52	5.16
		(3) Hy1-Hy12	3.42	5.07
		(4) Hy1-Hy13	2.97	4.94
		(5) Hy1-f115	2.93	3.33
		(6) Hy1-Hy14	3.17	3.58
		(7) 10f2-Hy4-Hy13	2.62	4.62
		(8) 10f2-Hy4-f115	2.23	3.35
		(9) 10f2-Hy4-Hy14	2.66	3.26
		(10) 10f2-Hy3-Hy13	2.97	4.67
		(11) 10f2-Hy3-f115	2.75	3.49
		(12) 10f2-Hy3-Hy14	2.98	3.49
		(13) 10f2-Hy11	2.99	3.60
		(14) 10f2-Hy13	3.16	3.96
		(15) 10f2-f115	1.97	3.00
		(16) 10f2-Hy14-f114	2.95	3.06

6.3.4 加固地基条件下坝基岩体及结构面工作性态及超载特性

加固处理后各坝段坝体及坝基工作性态分析见图6-16～图6-20。

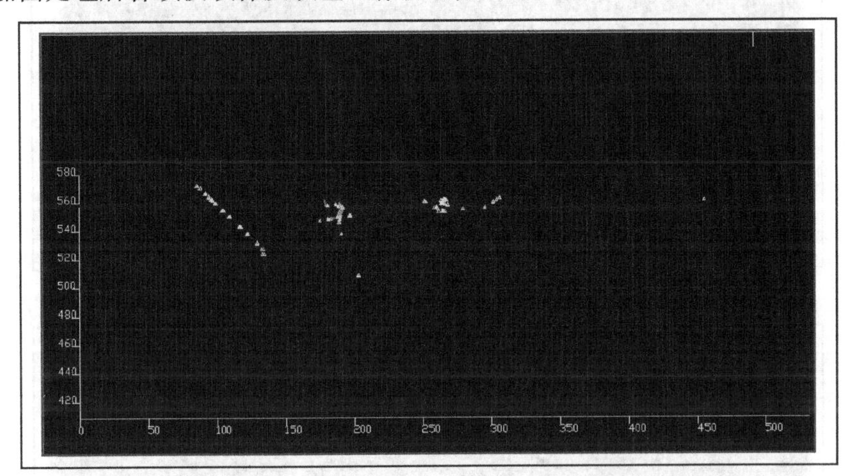

图6-16 12♯坝段加固条件工作性态分析

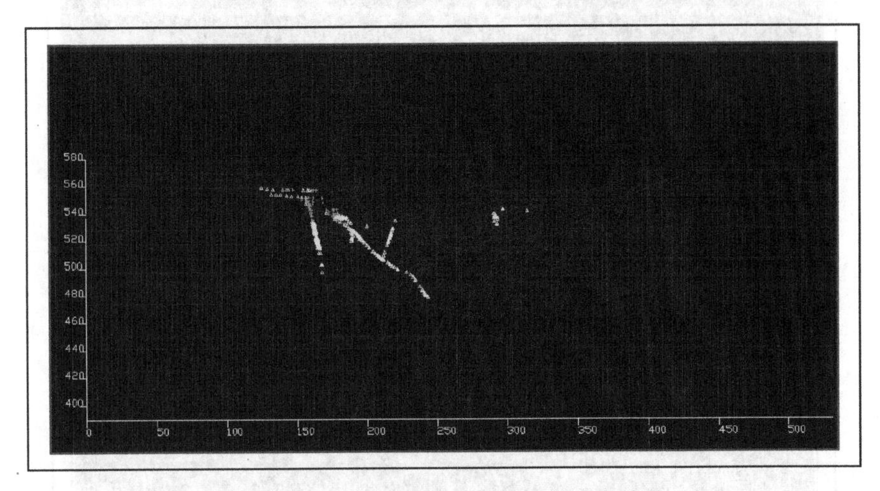

图6-17 16♯坝段加固条件工作性态分析

分析结果：

从加固地基条件下各坝段坝基岩体及结构面工作形态来看，对坝基采取工程加固措施后，坝基受力条件显著改善，除16#坝段坝踵部位埋藏较浅的10f2断层，以及在建基面出露的层间错动带局部区域外，近坝区岩体及结构面基本处于弹性工作状态，提高了坝基的整体变形稳定性；同时也有效改善了坝体的结构性态，反映出坝基加固处理措施合理有效。

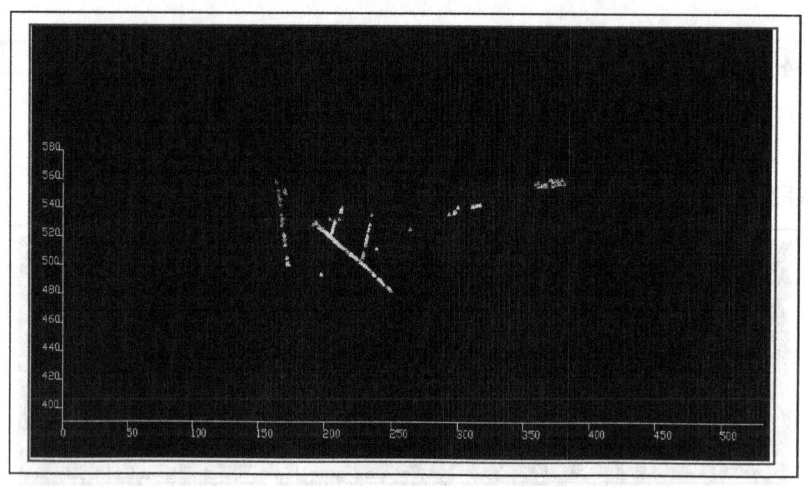

图 6-18　17#坝段加固条件工作性态分析

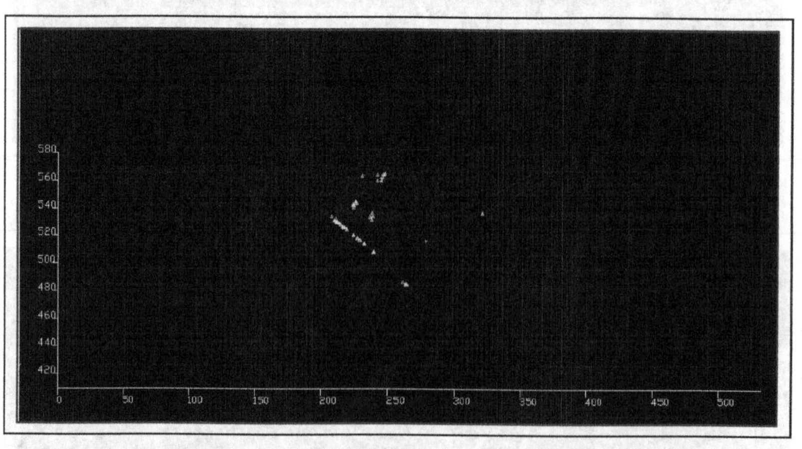

图 6-19　18#坝段加固条件工作性态分析

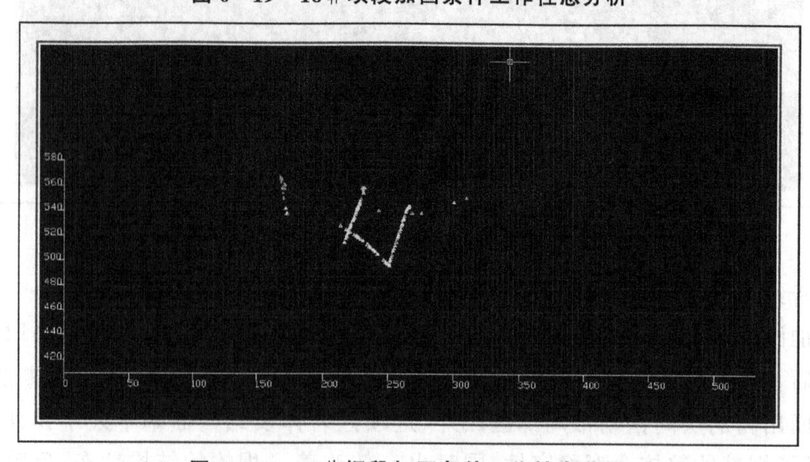

图 6-20　19#坝段加固条件工作性态分析

6.3.5 加固地基条件下坝基最终破坏模式

详见图 6－21～图 6－25。

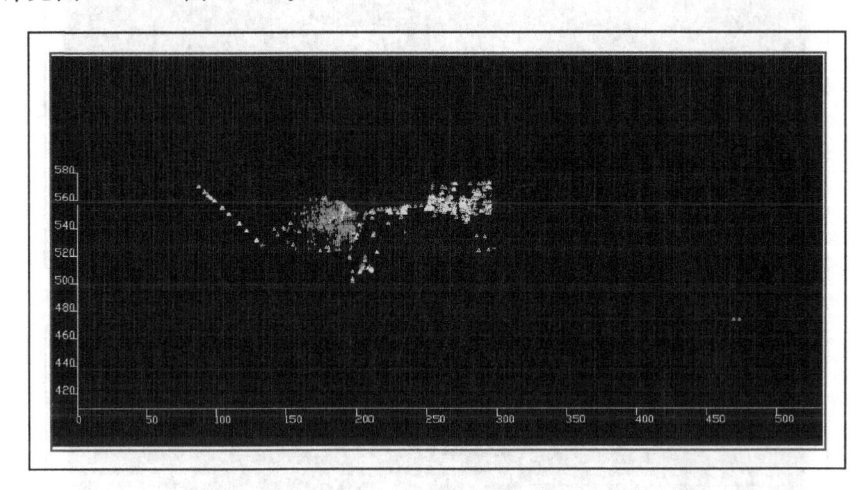

图 6－21　加固地基条件 12＃坝段坝基最终破坏模式(Kp＝5.0)

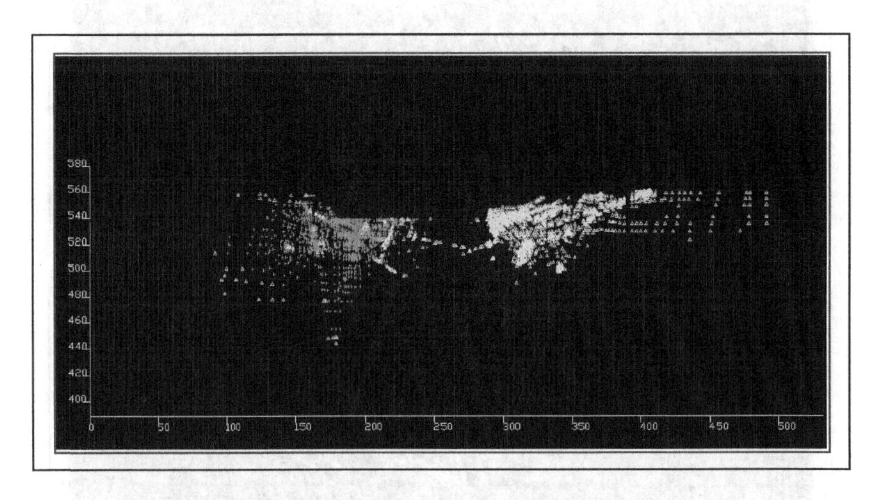

图 6－22　加固地基条件 16＃坝段坝基最终破坏模式(Kp＝6.5)

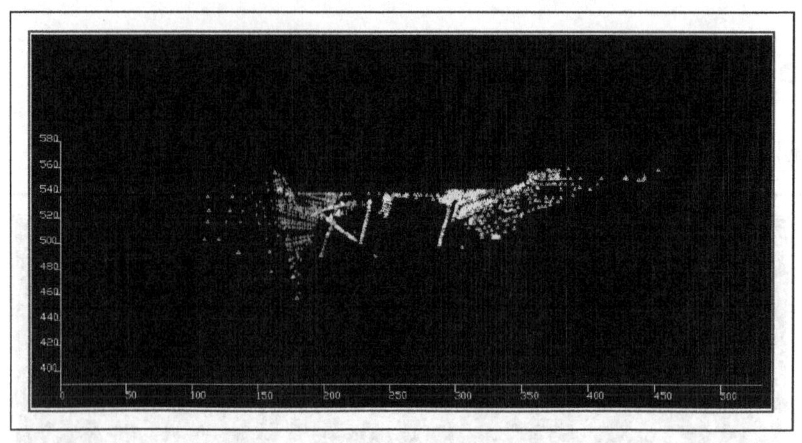

图 6-23　加固地基条件 17#坝段坝基最终破坏模式(Kp=6.0)

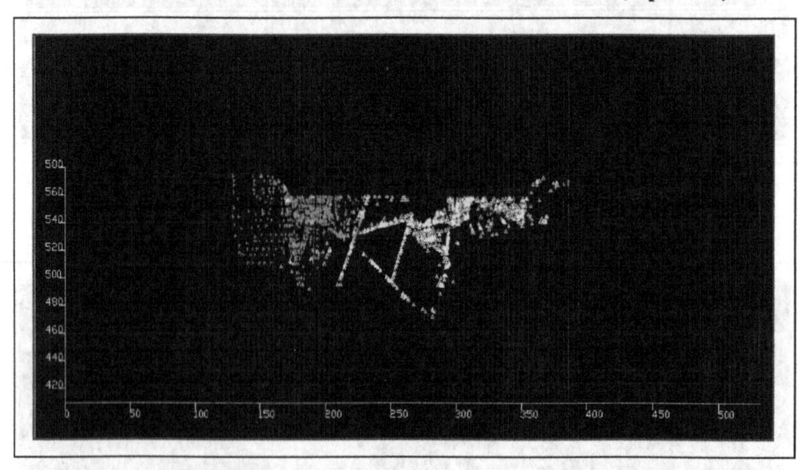

图 6-24　加固地基条件 18#坝段坝基最终破坏模式(Kp=5.5)

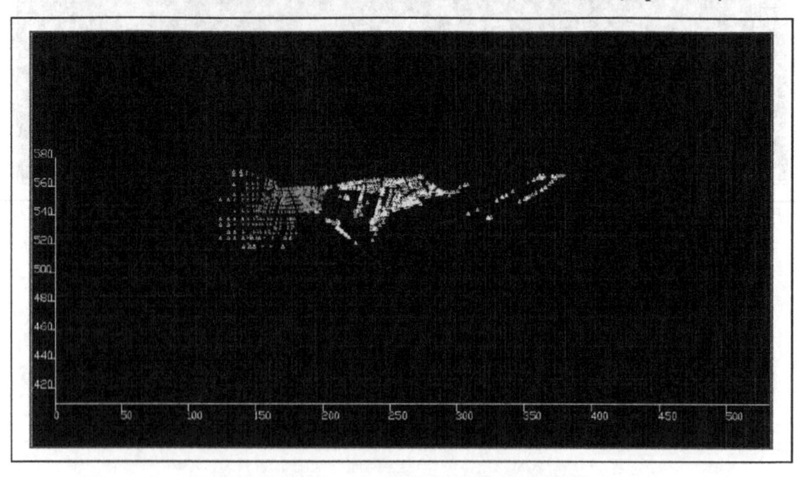

图 6-25　加固地基条件 19#坝段坝基最终破坏模式(Kp=5.0)

6.4　三维有限元分析结果

6.4.1　天然地基

(1) 天然地基位移

完建工况时，由于坝体重心偏向上游，加之坝踵附近存在 F31、10f2 断层等软弱结构面，坝体整体向上游倾斜，其中右岸 19＃坝段水平向上游位移最大，达到 －5.35 cm，河床坝段 18＃坝段铅直下向位移最大，极值达到－4.85 cm。

正常运行工况时，坝体整体水平向下游变位，其中 12＃坝段坝顶最大水平向下游位移达到 5.14 cm，且上游坝踵附近垂直向下变位较完建工况有所减小，坝体铅直向下位移－3.46 cm，出现在 16＃坝段坝顶部位。

(2) 天然地基拉应力区

完建工况时，左右岸坡 12＃和 19＃坝段坝趾附近存在局部拉应力区。正常运行工况时，在坝踵附近出现局部拉裂区，但范围和量值均非常小，不会危及坝基防渗帷幕的安全。同时拉裂破坏沿在坝踵处出露的 F31、10f2 断层向深部延伸一定范围。各坝段坝基破坏区主要沿断层、层间错动带发育，且 16＃、17＃坝段在坝踵附近存在小范围的拉裂破坏和塑性破坏区；同时下游坝趾附近岩体也存在零星塑性破坏。

(3) 天然地基坝基抗滑稳定性

正常运行工况下坝基抗滑稳定性问题较为突出。各坝段抗滑安全系数不满足规范规定值 3.0 的滑面组合，必须对坝基进行工程加固措施。

12＃坝段存在一组滑移面(Hy0-Hy11)的安全系数为 2.96；

16＃坝段滑移面组合(Hy20-Hy2-Hy18)的安全系数为 2.88；

17＃坝段有 6 组滑移面组合没有达到规范要求，其中滑移面组合(10f2-Hy13)安全系数最小，其值仅为 2.24；

18＃坝段存在两组与 f115 断层组合的滑移面(F31-10f2-f115、Hy22-f115)抗滑安全系数最小，分别为 1.93 和 2.69；

19＃坝段滑移面组合 10f2-f115、10f2-Hy4-f115 的安全系数相对较小，其安全系数分别为 2.23、1.95。

6.4.2　加固地基

(1) 在加固地基条件下位移

由于各坝段工程处理措施使得坝基整体刚度增大，完建和运行工况坝顶位移值均较天然地基条件下有所减少，如完建工况 19＃坝段水平向位移值由处理前的

－5.35 cm减至－1.00 cm，运行工况18＃坝段水平向位移值由处理前的3.00 cm降至2.33 cm。

(2) 在加固地基条件下不均匀性

各坝段坝基的不均匀性变形程度明显改善，完建工况和运行工况拉应力分布范围与量值均较天然地基条件下有所减少。其中：

12＃坝段正常运行工况坝踵处拉应力值由－0.12 MPa减小为－0.09 MPa；

16＃坝段正常运行工况坝踵处拉应力值由－0.23 MPa变为0.18 MPa压应力；

17＃坝段正常运行工况坝踵处拉应力值由－0.21 MPa减至－0.03 MPa；

18＃坝段正常运行工况坝踵－0.18 MPa拉应力变为0.29 MPa压应力；

19＃坝段完建工况坝趾小主应力值由－0.59 MPa拉应力变为0.09 MPa压应力。

(3) 在加固地基条件下坝基抗滑稳定性

左右岸12＃、19＃及河床16＃、17＃、18＃五个坝段，在天然地基值小于3.00的滑面组合，经工程处理后，除17＃坝段的滑移面组合10f2－Hy13的安全系数未达到规范要求外(其安全系数为2.93)，其余滑移面组合抗滑安全系数均达到规范要求的3.00以上。

(4) 在加固地基条件下坝基工作性态

从加固地基正常运行工况下各坝段坝基岩体及结构面工作性态来看，近坝区岩体及结构面基本处于弹性工作状态，提高了坝基的整体变形稳定性；同时有效改善了坝体的结构性态，反映出坝基加固处理措施合理有效。

(5) 加固地基条件下坝基超载特性

计算成果表明，12＃、16＃、17＃、18＃、19＃坝段坝基最大超载安全系数分别为5.0、6.5、6.0、5.5、5.0倍。

综上所述，武都重力坝坝基近坝区4f2、f101等不利结构面的加固处理是十分必要的，目前设计提出的加固方案针对性强，加固效果显著，坝基抗滑稳定性满足规范要求。

6.4.3 三维有限元分析结论

(1) 12＃坝段坝基混凝土齿槽向上游延长直至越过f58断层在建基面出露处。

(2) 由于16＃坝坝踵部位下伏断层埋深相对较浅，可对16＃坝段坝踵部位地基采取明挖置换混凝土等工程处理措施，以进一步改善12＃和16＃坝段坝基的受力条件和工作性态，提高坝体的变形稳定性与安全性。

(3) 针对17＃坝段加固后仍有一组滑移面组合安全系数未达到规范要求，可适当延长17＃坝段坝体下游混凝土抗力体的长度，使其跨过Hy13，以增加滑移面组合10f2－Hy13的抗滑力，进一步提高该坝段坝基稳定性。

(4) 现有的坝基处理方案中没有专门针对层间错动带的工程处理措施，由于坝基内层间错动带较多，且物理力学参数较低，可对在建基面出露处的层间错动带进行局部开挖回填砼处理，以进一步改善建基面的承载条件。

结 语

本书在前人研究工作的基础上，采用现场调研与室内整理相结合、地质分析判定与定量计算相结合的研究思路，对坝区工程地质条件进行了较为系统的研究，通过分析影响坝基岩体质量的几个主要因素，采用多种分级方法对坝基岩体进行了系统的分级，最后在上述分类结果的基础上对岩体的可利用性进行了评判，对初步选择坝基建基面并采取坝基加固情况，运用三维非线性有限元法模拟分析了坝体坝基在天然地基及加固条件下完工工况、正常运行工况的位移、应力场分布、抗滑安全系数、可能的破坏部位、机理和滑移形式。针对拟定的坝基加固方案，研究坝体结构特性和坝基工作性态、坝基不均匀变形的极值、各坝段坝基中各类不利地质构造组合滑面安全系数的变化以及坝基的整体超载特性。

通过上述研究，获得以下主要结论：

(1) 坝区处于控制构造格局的两条呈北东向展布 F5、F7 断层带间，此间还发育了 F11、F21、F31、F58、F61、F62、F71、F72、F73、F74、F24、10f2、f16、f101 等断层，岩体一般弱风化～微风化，裂隙发育，裂面平直粗糙，一般闭合，岩体完整性较好。

(2) 坝基岩性以观雾山组 D_2^1～D_2^9 层碳酸盐岩具可溶性的白云岩、灰岩为主，岩体风化受地形、岩性、地下水等因素的影响和构造结构面发育程度的控制，岩性差异较大，局部地段存在囊状风化。岩体属坚硬岩体，强度高，岩体卸荷特征总体不明显，主要受岩体结构控制，卸荷带为岩体松驰，隐微裂隙和次生裂隙显现，构造裂隙普遍张开。

(3) 影响坝基岩体质量的主要因素是岩性、岩体结构、岩体紧密程度及结构面性状等，同时岩溶发育及层间挤压错动带的存在极大地弱化了坝基正常岩体质量，并使局部地段出现异常。弱风化带下部和微风化带岩体属较完整～完整岩体，为中厚层～次块状结构，对坝基中地质缺陷采取有效处理措施后，可作为河床及两岸高坝段地基持力层。

(4) 坝基中存在断层、裂隙、层间错动带等切割面，以及倾向上、下游的缓倾角裂隙控制滑移面，构成了坝基深层滑动的边界条件。河床坝基第一控制性滑移面为倾向下游的缓倾角裂隙，分布广泛，局部地段较集中；第二控制性滑移面除 f101 缓倾角逆断层外，其余为倾向上游的缓倾角裂隙组合。具有构成第一和第二滑移控制性结构面的组合条件，对高坝地段进行不同组合的深层抗滑稳定性验算，据验算成果采取相应工程处理措施。

(5) MZ 分级、RMR 分级及 Q 分级结果表明坝基岩体质量等级以Ⅱ、Ⅲ级岩体为主，这说明坝基岩体质量总体较好，但由于坝基岩体中存在溶洞、落水洞、断层、层间错动带、溶蚀带构造裂隙等地质缺陷，破坏了坝基岩体的完整性、坚固性，特别处于坝趾最大应力部位易产生应力集中，根据坝基应力分布情况确定加固处理。f101 断层是坝基中规模最大的抗滑稳定的控制性滑移控制面，性状差，浅埋于坝基下，存在抗滑稳定、渗透破坏和压缩变形等不良工程地质因素，需加固处理。

(6) 三种分级结果的相关性分析表明 RMR 分级及 Q 分级结果略大于野外分级，作为一种新的分级方法，MZ 分级结果与野外分级结果较为接近，同时与前两种分级结果的相关性也较为显著。此外，MZ 分级法还有简单、直观、参数易于获取等优点，因而该方法可以作为坝基岩体质量分级的主要方法。

(7) 坝区变形试验及现场大剪试验结果表明坝区岩体工程力学特性总体较好，试验值普遍较高。局部有断层带、层间挤压错动带地段试验值较低。

(8) 各级岩体质量指标与变形模量 Eo 的相关性分析表明 Eo 与 MZ、Kv 相关性较为显著，与 RQD 相关性一般，对坝基岩体力学参数快速取值而言，用岩体纵波速度或完整性系数来估计岩体力学参数最具实际意义。

(9) 坝基岩体与结构面按优定斜率法和最小二乘法整理获取的强度参数值总体上较为接近，仅部分差别较大。考虑这两种方法的利弊，选择按优定斜率法整理获取的强度参数值作为最终建议值的依据。

(10) 根据上述分级结果及“混凝土重力设计规范”(SDJ_{21-78})对坝基开挖深度的要求，本书对坝基岩体的可利用性进行了评判，在满足承受大坝压力、坝基抗滑稳定、渗透稳定要求、耐久性要求前提下，通过加固与不加固的比较，对坝基开挖深度建基面做了初步选择。

(11) 为了进一步验证坝基面选择的合理性，对选定建基面运用三维非线性有限元法，分别模拟分析了坝基在天然与加固地基条件下坝基位移场、应力场分布、工作性态、抗滑安全系数。天然地基正常运行工况下坝基抗滑稳定性问题较为突出。模拟分析得知各坝段加固后坝基整体刚度增大，完建和运行工况坝顶位移值均有所减少，不均匀性变形程度明显改善，提高了坝基整体变形稳定性，同时有效改善了坝体的结构性态，反映出坝基加固处理措施合理有效。因此目前提出的加固方案针对性强，加固效果显著，坝基抗滑稳定性满足规范要求。

参考文献

[1] 孙万和.岩体质量的工程地质评价方法[J].武汉大学学报(工学版),1984(4):7-13.

[2] 陈宗梁.坝基研究和地基处理工程实例[R].水利电力科学技术司,1988.

[3] 蔡跃军,任自民.建基岩体质量评价与定量化研究[R].工程地质,1990.

[4] 柳赋铮.岩体基本质量和工程岩体分级[J].长江科学院院报,1991(S1):55-63.

[5] 傅荣华.坝基开挖深度研究现状与发展趋势[J].成都理工大学学报(自然科学版),1993(1):101-107.

[6] 黄润秋,王士天,胡卸文,等.澜沧江小湾水电站高拱坝坝基重大工程地质问题研究[M].成都:西南交通大学出版社,1996.

[7] 许强,王士天,李渝生,等.河谷岸坡变形破坏的一种特殊模式——论尼泊尔色迪河桥桥址区岸坡岩体拉裂变形的成因机制[J].岩石力学与工程学报,2005(2):344-350.

[8] 刘帮建,成体海,唐成建,等.武都引水第二期工程武都水库技施设计阶段坝基工程地质勘察报告[R].四川省水利水电勘测设计研究院,2005.3.